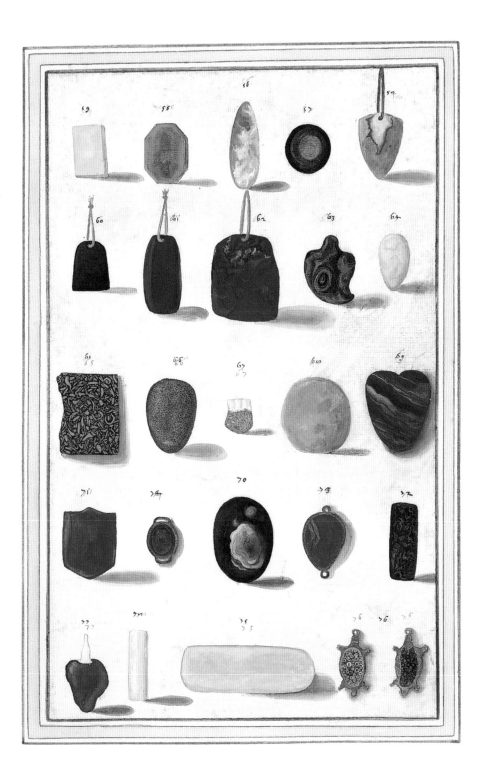

AMAZING RARE THINGS

令人惊叹的珍宝

大航海时代的自然历史艺术

［英］大卫·爱登堡（David Attenborough） 苏珊·欧文斯（Susan Owens）

马丁·克莱顿（Martin Clayton） 瑞·亚历山德拉托斯（Rea Alexandratos） 著

金丹青 译

华中科技大学出版社
http://www.hustp.com
中国·武汉

有书至美
BOOK & BEAUTY

图书在版编目 (CIP) 数据

令人惊叹的珍宝：大航海时代的自然历史艺术 / （英）大卫·爱登堡（David Attenborough）等著；金丹青译 . -- 武汉：华中科技大学出版社，2020.11

ISBN 978-7-5680-6381-4

Ⅰ . ①令… Ⅱ . ①大… ②金… Ⅲ . ①自然科学 - 艺术史 - 欧洲 -15 世纪 Ⅳ . ① N49 ② J150.093

中国版本图书馆 CIP 数据核字 (2020) 第 160021 号

Amazing Rare Things : The Art of Natural History in the Age of Discovery
by David Attenborough, Susan Owens, Martin Clayton and Rea Alexandratos
First published in English by Royal Collection Trust 2007 under the title Amazing Rare Things: The Art of
Natural History in the Age of Discovery
Original text and reproductions of all items in the Royal Collection: Royal Collection Trust /
© HM Queen Elizabeth II 2020
Chinese (Simplified Chinese characters) translation© 2020 Huazhong University Of Science and Technology
Press
All rights reserved.

简体中文版由 Royal Collection Trust 授权华中科技大学出版社有限责任公司在中华人民共和国境内
（但不含香港特别行政区、澳门特别行政区和台湾地区）出版、发行。
湖北省版权局著作权合同登记 图字：17-2020-131 号

令人惊叹的珍宝：大航海时代的自然历史艺术
Ling Ren Jingtan de Zhenbao: Dahanghaishidai de Ziran Lishi Yishu

[英] 大卫·爱登堡(David Attenborough) 苏珊·欧文斯(Susan Owens) 马丁·克莱顿(Martin Clayton) 瑞·亚历山德拉托斯 (Rea Alexandratos) 著

金丹青 译

出版发行：华中科技大学出版社 (中国·武汉)　　电话：(027) 81321913
　　　　　北京有书至美文化传媒有限公司　　　　　　(010) 67326910-6023
出 版 人：阮海洪

责任编辑：莽 昱 康 晨　　　　　　　封面设计：张旭兴
责任监印：徐 露 郑红红　　　　　　　制 作：北京博逸文化传播有限公司

印 刷：中华商务联合印刷 (广东) 有限公司
开 本：889mm×1194mm 1/16
印 张：14
字 数：62 千字
版 次：2020 年 11 月第 1 版第 1 次印刷
定 价：128.00 元

目录

前言

珍·罗伯兹 6

描绘自然世界

大卫·爱登堡 9

"装扮这世界的所有自然之作"

莱昂纳多·达·芬奇

马丁·克莱顿 39

"以猞猁之眼"

卡西亚诺·德尔·波佐的"纸上博物馆"

瑞·亚历山德拉托斯 73

"奇妙的微型花谱"

亚历山大·马歇尔

苏珊·欧文斯 107

"勤勉、优雅和勇气"

玛丽亚·西比拉·梅里安

苏珊·欧文斯 139

"博物学的天才"

马克·凯茨比

苏珊·欧文斯 177

插图表 212   延伸阅读 218   索引 220

前言

16世纪初，莱昂纳多·达·芬奇（Leonardo da Vinci，1452—1519年）观察到，"眼睛是最能够充分了解和欣赏自然界无限作品的主要工具"。画家可以用眼睛和智慧，准确且简洁地记录现实，而只用文字记录则会耗费"一段混乱冗长的书写和时间"。

五百年来，用图像来记录自然的惊人多样性，已经经历了好几个阶段。近年来，摄影、摄像新技术开辟的可能性几乎无穷尽。自然主义者、广播电视主持人大卫·爱登堡（David Attenborough）爵士是自然纪录片的先驱之一（也正是他在1965年把彩色电视引入英国），他已将一些新技术带来的结果告之于众。大卫爵士协助许多藏品策展人挑选展览品，并为许多作品撰写介绍文章和详细评论。本书是皇家收藏信托与大卫爵士间最丰硕的合作成果。

书中的八十七幅水彩画来自皇家收藏五种特殊类别下的博物学绘画和水彩画，可以追溯至15世纪末至18世纪初的二百五十年，也就是大发现时代（又称大航海时代，也就是新航路的开辟），是欧洲所知晓的世界知识通过航行者转化为非洲、亚洲和美洲所得的时代。莱昂纳多·达·芬奇处于这个时代的黎明期，记录着熟悉的意大利动植物，但他的记录呈现了一种标志着文艺复兴的新科学调查精神。一百多年后，罗马的卡西亚诺·德尔·波佐（Cassiano dal Pozzo，1588—1657年）和伦敦的亚历山大·马歇尔（Alexander Marshal，1620—1682年）把许多探险家和商人带来欧洲海岸的新物种进行了编目。而画家玛丽亚·西比拉·梅里安（Maria Sybilla Merian，1647—1717年）和马克·凯茨比（Mark Catesby，1679—1749年）亲自前往新世界旅行，在异国未知生物的自然栖息地中记录它们。

浏览本书会看到，这些画家记录自然的方式非常多样化。莱昂纳多的敏感性和线条锋利度，是与凯茨比自述的"平滑但精确的方式"所完全不同的世界。梅里安赋予她在南美洲发现的"奇珍异宝"以繁茂的曲线和螺旋，这种风格特征让她的作品独树一帜。然而，共同点是画家们与自然世界的非凡交会，无论是他们在美洲的开拓性探险，还是在自家花园中发现题材。所有这些画家都希望通过刻苦的考察和描绘，来了解自然世界的财富。

皇家收藏在不同时期收入过五组绘画。17世纪末获得了莱昂纳多的六百张画，几乎肯定是皇家学会的创始人查尔斯二世收购的。还有三组绘画是乔治三世在18世纪中期收购的，成为他的馆藏品，其中有九十五幅梅里安的作品，两千五百幅来自德尔·波佐的藏品，以及超过二百五十幅凯茨比的作品。马歇尔的作品集里包含一百五十多幅水彩画，19世纪初呈给了未来的乔治四世国王。

莱昂纳多的绘画已向学者开放多年，特别是通过肯内特·克拉克（Kenneth Clark）和卡罗·佩德雷蒂（Carlo Pedretti）的编目图集。2000年，皇家收藏出版了普鲁登斯·利斯-罗斯（Prudence Leith-Ross）的宏伟巨作——马歇尔的花谱。而卡西亚诺的"纸上博物馆"则从1996年开始以系列编目的形式逐本出版。梅里安和凯茨比的绘画将在某个适当时候完整出版。介绍这五组作品的文章正是温莎（Windsor）艺术品收藏室的工作成果：马丁·克莱顿（Martin Clayton，版画和绘画收藏负责人）写莱昂纳多·达·芬奇，瑞·亚历山德拉托斯（Rea Alexandratos，德尔·波佐项目协调员）写卡西亚诺，苏珊·欧文斯（Susan Owens，助理策展人）写了关于马歇尔、梅里安和凯茨比的文章，并在制作期提供了高超的指导。

我要衷心感谢大卫·爱登堡爵士对本书的广泛贡献，他也慷慨地同我们分享了他对自然界的非凡学识和洞察力。他能从最初就参与其中真的非常宝贵。

我们还要感谢以下人士的慷慨帮助：大英博物馆（British Museum）的朱利亚·巴特鲁姆（Giulia Bartrum）和金·斯隆（Kim Sloan），英国自然历史博物馆（Natural History Museum）的朱莉·哈维（Julie Harvey），美国盖茨堡学院（Gettysburg College）的凯·埃瑟里奇（Kay Etheridge），英国亨特博物馆（Hunterian Museum）的杰夫·汉考克（Geoff Hancock），泰莎·兰金（Tessa Rankin）、艾拉·瑞兹玛（Ella Reitsma）和艾丝特·舒尔特（Esther Schulte）。

珍·罗伯兹（Jane Roberts）

温莎城堡（Windsor Castle）艺术品收藏室的前管理员和策展人

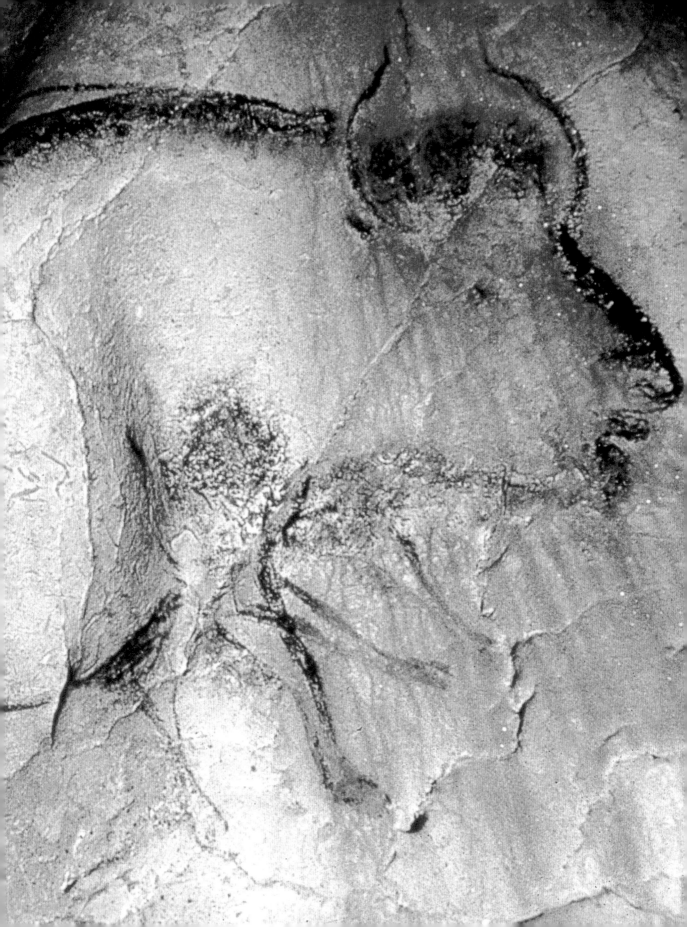

描绘自然世界

大卫·爱登堡

人类绘画的第一样东西就是动物。
不是植物，不是风景，甚至不是人类自己，而是动物。为何？

已知最古老的图画约有三万年历史。它们幸存于西欧一些洞穴的深处。绘图的那些画家要在黑暗中沿着地下甬道爬行半英里甚至更长距离，足以证明这些图画对他们而言十分重要。但他们诉求为何？也许他们认为绘画这种行为是祭祀中的关键一环，从而能够确保狩猎成功，因为画中呈现的一些生物看起来是受伤或者开膛的模样，还有一些有划破身体的V形图案，像是用尖物刺穿过一般。也许绘画的目的并不是想让所绘生物死亡，而是想确保它们能持续生育，以便人类拥有永久的肉源。我们无法确定。

但有一件事是肯定的，这些图画极为精准，美到令人叹服。创造了它们的人如此仔细地观察了那些事物，以至于在火把闪烁的光线中就能凭记忆绘出图像。奔马的优雅、怀孕母马腹部的隆起、冲锋公牛压倒性的力量和张力，都用极致的技巧进行了呈现（图1）。

图1（P8）
野牛，约公元前30000年
法国，肖维岩洞（Chauvet-Pont-d'Arc）

在整个人类史中，这种在壁上绘制动物形象的习惯一直存在。五千年前，当埃及人开始筑造世界上第一批城市时，他们也在墙上刻画了动物的形象，其中一些刻图的目的十分明确。埃及人崇拜动物，把圣牛做成木乃伊，保存于巨大的花岗岩石棺中；把鹮和猎鹰密封在陶罐中，堆放于数万条长廊间。图像一经绘至寺庙壁上，赋予它们的那些人类特征会让它们的神性得以清晰昭显。因此，有时虽然鹰、猿和鳄鱼有着清晰可辨的动物头颅，却画上了人类的躯干。但埃及艺术家们也喜欢动物的自然之美，因为他们在自己的地下墓穴壁上装饰了一些从纸莎草沼泽中腾跃而起的红胸黑雁、追踪鸟类的猫，甚至还有飞舞在棕榈树间的蝴蝶。死去的人们肯定会期望在下一个世界中记得这些美与乐。

图2
内巴蒙（Nebamun）
墓中的壁画碎片，约公元前1350年
埃及底比斯（Thebes）

图3
内巴蒙墓中的壁画碎片，
约公元前1350年
埃及底比斯

这些绘画中也出现了植物。那些画下横冲直撞的公牛和奔逃之鹿的人们，还没有发现如何播撒种子、收获庄稼。但埃及人从事农业生产，珍视植物。他们知道如何区分不同种类的植物，还把这些知识展示在墙壁和手稿上。他们画下了培育植物的园子、硕果累累的葡萄藤和富饶的麦田（图3）。

在古埃及，作为神的动物和作为动物本身的动物之间的区别非常清晰生动，而在基督教早期的手稿中，这些区别也十分明显。埃及沦陷两千年后，中世纪僧侣坐在修道院的缮写室中，用错综复杂的编结花纹润饰手抄本中的大写字母，也给予圣徒们一些象征性的动物。圣马克有一头狮子，但拥有双翼；圣约翰有鹰相伴，但这鹰太华丽，很难辨认出这只棕色鸟类在现实中的样子。

尽管如此，有些不那么高贵、更朴素一些的生物也悄悄潜入了他们的手抄本中。也许是为了逃离宗教敬拜的庄严，抄写员在抄写页面中介绍着外面自然世界中大量的野生动物，放纵着他们的想象和情感：松鼠跑到了页边空白处，兔子围绕着大写字母的枝干互相追逐。这些艺术家也乐于表现幽默：一只巨大的蜗牛伸着触角，同身披铠甲的骑士比武争斗（图4）；一只狗摇晃着兔子在弹的室内管风琴；一只猿猴冒充医生，把药物递给一头大概生病卧床的大熊（图5）。

图4
骑士和蜗牛决斗
出自《麦克尔斯菲尔德诗篇》（*Macclesfield Psalter*），约1330年

　　12世纪初，动物开始从《每日祈祷书》和《诗篇》中脱离出来，走进它们自己的书籍中。动物寓言集似乎是英国特有的一种现象。六十五个例子中，有五十个来自英格兰（图6），可能是因为这个国家对动物怀有特殊情感，且一直延续至今天。但这些动物还没有脱离与宗教的联系。《每日祈祷书》的文本中解释道，将动物置于尘世中，是为了阐释上帝的希求和教诲。在虔诚信徒看来，动物是寓言和布道，它们的道德体系比形态更为重要。于是狼眼在黑暗中发光的原因，证明了许多看似诱人的东西实际上是魔鬼之作。在这些可辨认的图像中，有一些奇妙的动物——独角兽、龙、海兽，还有半是狮子半是鹰的狮鹫（图7）。抄写员从未见过这些动物，但笃信它们的存在。

　　然而，到了15世纪，文艺复兴的新科学精神席卷欧洲。学者们开始用全新眼光审视世界，质疑中世纪思想中的神话和幻想。伽利略用新发明的望远镜观望天空，思考行星的运动。莱昂纳多·达·芬奇是"文艺复兴人"中最耀眼的一位，他开始用一种新的方式看待动

图5
猿医生和熊患者
出自《麦克尔斯菲尔德诗篇》（*Macclesfield Psalter*），约1330年

图6（P14）
狮子和幼崽
出自《英国动物》（*English bestiary*），1230—1240年

植物的形体。他渴望了解它们如何生长、进化和复制自我，所以他不仅画出动作，还解剖它们。作为一位专业画家，达·芬奇需要在绘画和雕塑中加入马匹的形象。要做到这一点，就要知道马匹的肌肉如何操控骨骼。只有了解了这些，他才能充分描画出形成了马匹躯体表面的那些凸起和凹壑（印刷图4、5和18）。画熊不需要那么全面专业的要求，却激发了他的好奇心（图8）。熊如何走路？他解剖了一只熊爪，分离了肌腱，而后画下暴露在外的东西，帮他理解所涉及的力学原理（印刷图6）。他观察猫追踪鸟类，以一丝不苟的精准性记录了猫的动作。他还画了龙。他真的相信龙存在吗？不管是否相信，他对动物运动力

图7
狮身鹰首兽
出自《英国动物》，
1230—1240年

学的了解，让他能够在画猫的同一张纸上画下龙的速写，宛如真的能找到这样一头龙似的（图9）。他还把探究精神运用到植物上，有时关注植物的结构细节，有时对它们特有的成长方式深感兴趣。比如他的黑莓草图描绘了每一颗果实的每个要素（印刷图9和12）。而他对伯利恒之星（Star of Bethlehem）的研究（印刷图7）特别典型，重点就是新叶的卷曲生长。

图8
莱昂纳多·达·芬奇
行走的熊，约1490年

图9
莱昂纳多·达·芬奇
龙，1513—1516年
（印刷图16的局部细节）

　　另一些学者开始了解乡郊动物的生活，动物种类多到令人眼花缭乱。从罗马时代起人们就知道，在遥远的南边，穿过地中海到达的非洲，有着巨大的羚羊，颈是腿的两倍长；还有黑白条纹的马。那里还有些故事，就当时人们的思想水平而言，无论是美人鱼怀抱婴儿从海浪中浮现，七颗脑袋的怪兽会喷火，还是有种人类没有头、嘴巴长在肚子中间之类各种想象出来的身体结构变异，都同样可信。后来探险家们沿着非洲海岸南下，又东至印度群岛，西至美洲新世界，带回全新种类的生物，令欧洲的博物学家惊异困惑。自然世界满是新发现的奇迹，亟须编目。

　　首个进行汇编的是一位瑞士的医生，康拉德·格斯纳（Conrad Gesner），他也因而获得"动物学之父"之称。为了加上插图，他收集了所有他能获得的绘画。格斯纳委托艺术家们画了很多他自己收藏的皮肤、骨骼等东西，算是对一些常见动物的补充说明。他还要求他们发挥想象力，画出从未有人见过的动物（图12）。还有些画纯粹是他盗用的，其中

图10
人体演变误解
出自《纽伦堡编年史》
(*Nuremberg Chronicle*),
1493年

有一幅是亚洲犀牛图。这种动物作为果阿送给葡萄牙国王的礼物，于1515年来到里斯本。果阿是国王当时打下的印度领土。著名艺术家阿尔布雷特·丢勒（Albrecht Dürer）获得了一幅这头引发轰动之物的绘画。丢勒住在自中世纪起就是盔甲制造中心的纽伦堡，他重画了素描，并在绘制过程中，为该动物配置了华丽的装甲———一套完整的浮雕和胸甲，肩上还有一只额外的尖角（图13）。

格斯纳自1551年起就在他那四大卷《动物志》（Historia animalium）中刊载所有图片和长段的文字描述及引用。条目并不根据明显的关联按组排列，而是根据字母顺序排列。因此，当这部伟大作品译作其他语言时，动物必须同样不合逻辑地重新排序。其中几卷由爱德华·托普塞（Edward Topsell）译成英译本，命名为《四足兽史》（A Historie of Four-footed Beastes）。第一个条目是"羚"（Antelope），其次是"猿"（Ape）。

格斯纳的插图又被意大利百科全书编纂人乌利塞·阿尔德罗万迪（Ulisse Aldrovandi）掠夺了过来。阿尔德罗万迪是博洛尼亚大学的自然科学教授。他和格斯纳一样，收集了大量的皮肤、骨骼、化石、干燥植物、昆虫等许多东西。据说，他的珍奇室里包罗了四千五百五十四幅标本的画作。他多年来一直撰写或重写标本描述，引用了各种原始资料，包括他偶然在古典诗人的诗作中发现的参考文献。

中世纪的神话故事尚未完全消逝。阿尔德罗万迪坚信龙的存在，把一个版块用来列举不同种类的龙：有翅膀的和没翅膀的，有七个脑袋的、八条腿的、两条腿的（图14）和没有腿的，最后那种就像蛇一样。

尽管如此，阿尔德罗万迪的科学思想还是有了显著进步。他摒弃了格斯纳的字母排列方式，为条目采用了一种更合理的方式。他把所有鸟类归为三卷，虽然其中包含了蝙蝠。他检查了一只鹦鹉的骨骼和内部结构，尤其注意到它发声的器官。然后他解剖了啄木鸟的头部，精确地展示了它长舌的槽是如何围绕头骨卷曲的。如同当时大多数的印刷书籍一

图11
狐狸
出自康拉德·格斯纳的
《动物志》，1551年

图12
独角兽
出自康拉德·格斯纳的
《动物志》，1551年

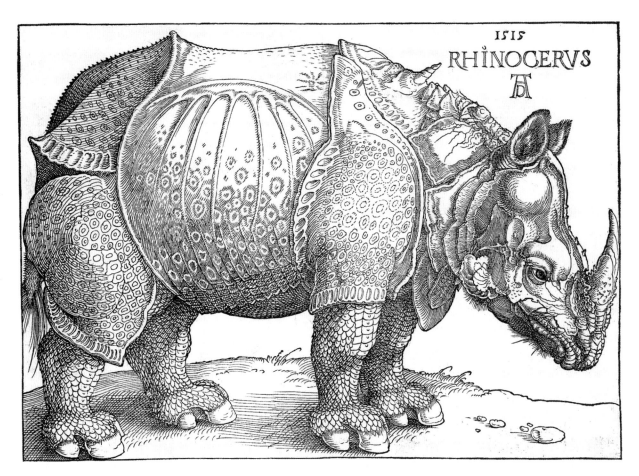

图13
阿尔布雷特·丢勒
犀牛，1515年

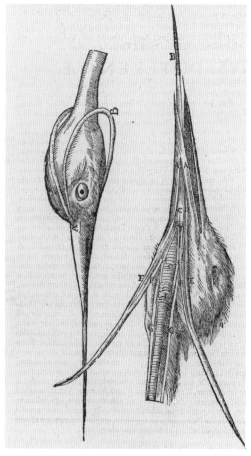

图14
有翅之龙
出自乌利塞·阿尔德罗万迪的《蛇与龙之书》
（*Liber serpentium et draconum*），1640年

图15
啄木鸟的头骨和舌头
出自乌利塞·阿尔德罗万迪的《鸟类》
（*Ornithologiae*），1599年

样，他的插图由木块印成，图像用浮雕般的样式刻在木块上。这种简朴的技术不可避免地限制了细节。阿尔德罗万迪的许多图画都是对平庸对象的平庸呈现——牙齿、难以识别的蠕虫，或者几乎没什么特征的石块凸起。有些图画简直笨拙。他画的斑马脸上露出一种疑惑甚至怨愤的神情，仿佛在困惑为什么有人要给它画上有着如此荒谬条纹的外套（图16）。但不可否认，也有很多宏伟之作：蛇把自己绑成了惊人的结；巨大的螃蟹占据整幅页面，从精美的装甲和铰接的蟹壳中，向读者怒视。

　　阿尔德罗万迪直到七十七岁才开始出版这本伟大的百科全书，三卷《鸟类》和一卷《昆虫》出完后，他就去世了。但他的学生继续编辑他留下的图画和描述，在之后的几年里，出版了越来越多卷。最后一卷于1667年付印，已是它的作者去世六十多年后。

图16
斑马
出自乌利塞·阿尔德罗万迪的《四足动物》
（*De quadrupedibus solidipedibus*），1616年

　　阿尔德罗万迪的作品坚持以他自己的标本集为基础。然而，17世纪上半叶，出现了一批新收藏家，不收集物品，而是收藏物品的图画。其中一员就是卡西亚诺·德尔·波佐。他兴趣广泛，从古典雕像和建筑，到植物、动物和化石。这些图画最终将填满无数巨大的羊皮纸装订书册，构成他的"纸上博物馆"（museo cartaceo）。卡西亚诺比阿尔德罗万迪更为严谨科学。美人鱼、龙和半人马消失了。卡西亚诺的艺术家们不会画道听途说的东西，而是从客观现实出发。尽管有时候面对来自海外的珍奇之物，他们会很难理解面前的究竟是什么东西。树懒就明显难住了他们。他们如何能够想象，在美洲大片的热带森林中，有种动物毕生都倒挂在树枝上？那肯定又成了中世纪思想的幻想产物。因此他们笨拙地画了只树懒，试图用指关节站立起来（印刷图24）。

　　卡西亚诺亲自研究了许多动物标本的身体结构，如同莱昂纳多一百五十年前做过的那样——尽管他的艺术家们所记载的东西与莱昂纳多的无法相提并论。他确信，异常之处能够阐明正常之物的真实特质，有一定的合理性。所以他委托艺术家们画了他着重寻找并十分珍视的畸形、怪诞的柑橘类水果（印刷图20和32）。艺术家们执行得很好，画作表现出他们熟练驾驭了画中主体的色彩、纹理和细节。偶尔他们还会成功赋予最普通的物体可能原本永远无法拥有的纪念意义。

　　全欧洲的园艺家都有着把他们的宝贝编目起来的愿望，可以理解，希望让他们的植物尤其是花朵的短暂一瞬永留心间。这些伟大的植物编目称作"花谱"。最著名的是一位德国大主教约翰·康拉德·冯·格明根（Johann Conrad von Gemmingen）委托画家巴西利厄斯·贝斯莱尔（Basilius Besler）所画的一本，记录了他在艾希施泰特（Eichstatt）附近花园里所有的植物。贝斯莱尔回之以巨作——出版于1613年的《艾希斯特的花园》，其中的植物壮丽呈现了与众不同的特征。

图17（P25）
冠花贝母（crown imperial）
出自巴西利厄斯·贝斯莱尔的《艾希斯特的花园》
（*Hortus Eystettensis*），1613年

Corona Imperialis
Polyanthos.

　　贝斯莱尔的图不是用木刻，而是用铜板雕刻制作的，可以呈现更精致的细节。然而许多花谱只留存了原稿，似乎描绘花朵本身是一种个人对自然杰作的私人崇拜。对有些画家来说，这实际上是一种十分私密的快乐，在一生中只对几位亲密友人展露这份热爱。

　　其中有一位就是亚历山大·马歇尔。他是17世纪的英国人，私底下致力于园艺学，完全因个人喜好编撰了自己的花谱。这是他从每种结构细节、每个斑点、每种颜色中获得乐趣的方式。他偶尔也会像中世纪僧侣一样，在郁金香、鸢尾花和康乃馨插图旁画一些吸引他、很有趣的东西。比如鹦鹉和猴子出现过几次，同僧侣的边注类似，这些另画的生物像是在另一个世界般，与页面中的主体尺寸不太相符（图18）。

　　整个16—17世纪，怪异、奇妙的海外动植物蜂拥而入，为欧洲艺术家们提供了丰富的新主题。最后，终于有人决定自行前往远方，寻找生活在原始家园和环境里的动植物。在首批极具冒险精神的艺术家中，有一位乍看绝不可能外出探险的人物——一位离异的中年妇女。她名为玛丽亚·西比拉·梅里安，住在法兰克福，后来移居阿姆斯特丹，以绘画花卉、教师和经销油漆与颜料谋生。她也热衷于昆虫，年轻时就研究起蛾类与蝴蝶的生命周期。1699年，五十二岁的梅里安在当时已可视作高龄，她和女儿多萝西娅·玛丽亚（Dorothea Maria）一起出发，前往南美洲的荷兰殖民地苏里南。出于兴趣，她想探究昆虫在生命周期中经历的各阶段，并按顺序记载下来。她画下了昆虫，置于它们会食用的特定植物上，经常还会有些小而无关的无脊椎动物围绕左右。

图18
亚历山大·马歇尔
狨猴（marmoset），
1650—1682年
（局部细节）

　　梅里安的作品准确无误。博物学绘画的风格往往很不明显，实际上有时都难以辨别。画家常常过于关注细节的正确性和精准性，通过描绘细节来塑造出符合他们各自独特品位的物形；没有具备时代感的服饰；由于经常省略背景，也就没必要使用透视规律。因此，16世纪画的花卉图可能很难与20世纪画的同种花卉图区别开来。但梅里安的画作昭显了作者身份线索，超越了只是花卉和昆虫特征集合的呈现方式。她还热衷于画卷曲线，她笔下西番莲的卷须、蜥蜴尾和番薯的根都呈卷曲状。一有机会，她就把蛇画成毫无节制的线圈模样（图19）。

图19
玛丽亚·西比拉·梅里安
珊瑚蛇（coral snake），1701—1705年（局部细节）

　　二十年后，在更往北一点的弗吉尼亚州，另一位欧洲画家也开始描绘美洲新世界的动植物。出生于萨福克（Suffolk）的年轻博物学家马克·凯茨比，正在拜访与威廉斯堡（Williamsburg）的丈夫住在一起的姐姐。就从那时起，凯茨比开始绘画动植物。他的题材很怪也很新，但至少他有看到活物的优势，因而他能够了解面前之物奇怪结构的功能，比如他避免了再犯卡西亚诺所雇画家描绘树懒时的错误。唉，但凯茨比看起来也并不总能从他的优势中获益。他确实会为动物设定植物环境，但几乎可称反常的是，这种设定往往既不遵循博物学家的观点，也不合比例。他把火烈鸟放置在一种柳珊瑚前，这是种柳珊瑚目的生物，通常只生活在珊瑚礁中，而火烈鸟不可能去过（图20和印刷图79）。最令人费解的是，他把笔下最大的主体，一只壮观的一吨重美洲野牛，放在一棵刺槐树的叶间，画得完全不成比例（印刷图88）。

　　凯茨比是自学成才的艺术家，研究成果肯定比较稚拙，但仍具有极强的新鲜感和魅力。他自己把作品刻在铜板上，在1729—1747年，以《卡罗莱纳、佛罗里达和巴哈马群岛博物志》（ *The Natural History of Carolina, Florida and the Bahama Islands* ）为名出版。这是约翰·詹姆斯·奥杜邦（John James Audubon）北美博物志系列图书中的第一本，这套书在1827年完成，命名为《美国鸟类》（ *The Birds of America* ），在所有鸟类书籍中，它有可能不是最伟大的，但肯定是最庞大的。

图20
马克·凯茨比
火烈鸟和柳珊瑚，约1725年

图21
白头海雕
出自约翰·詹姆斯·奥杜邦《美国鸟类》，
1827—1938年

图22（P31）
加勒比海红鹳（American flamingo）
出自约翰·詹姆斯·奥杜邦《美国鸟类》，
1827—1838年

　　奥杜邦自十八岁始住在宾夕法尼亚州。他在那里处理家族财产，却被鸟类迷住了。对鸟类的寻求让他一路向西行，以寻找新种类。他以无法自抑的热情捕捉它们，又以同样程度的热情画下它们。他认为，自古埃及以来，标准的静态形象几乎是描绘鸟类的普遍方式，却无法呈现它们的活力和优雅。他执意画出动态的鸟类。为此，他把一只新捕捉的牺牲品固定在有方形网格的板上，把翅膀和脖颈摆成他认为活着时候的样子，而后用扦子固定住。这个过程一定相当血腥，因为这些标本都是现杀的。然而成果真的给他的图画带来了生命力。燕鸥在俯冲，白头海雕蹲伏在捕获的猎物身上（图21），蜂鸟在花前徘徊。

PLATE CCCCXXXI

Drawn from Nature by J. J. Audubon, F.R.S. F.L.S.

Engraved, Printed and Coloured by R. Havell 1838.

American Flamingo.
PHŒNICOPTERUS RUBER, Linn.
Old Male.

1. Profile view of Bill at its greatest extension.
2. Superior front view of upper Mandible.
3. Inferior front view of upper Mandible.
4. Inferior front view of lower Mandible.
5. Interior front view of lower Mandible with the Tongue in.

6. Profile view of Tongue.
7. Superior front view of Tongue.
8. Inferior front view of Tongue.
9. Perpendicular front view of the foot fully expanded.

PLATE CCLXXI

Frigate Pelican.

TACHYPETES AQUILUS.

Male Adult

图23（P32）
军舰鸟（frigate pelican）
出自约翰·詹姆斯·奥杜邦《美国鸟类》，1827—1838年

　　奥杜邦还坚持所有主体都应该以现实尺寸来呈现。正是这种野心趋使他把画印在尽可能大尺寸的纸上，也就是双向对开纸。尽管页面已经很大，足有40英寸×30英寸（100厘米×75厘米），但仍然无法装下摆成正常姿势的北美最大鸟类。因而他笔下的火烈鸟与凯茨比的不同，颈部无法朝上伸展，必须弯下来，让头部几乎碰触到地面（图22）。火烈鸟常常会有这样的姿势，所以这种情况下问题不大。但他画的蓝鹭必须把颈部弯折置于背上，加拿大鹅也是如此，呈现出一种尴尬而不自然的样子。

　　尽管如此，他的画作依然壮丽惊人，不仅准确，还有戏剧性的设计感。至今，许多美国鸟类仍以他的版画为公认标志——野火鸡（wild turkey）、卡罗莱纳长尾鹦鹉（Carolina parakeet，现已灭绝）、奋力潜水中的军舰鸟，以及抵御响尾蛇攻击鸟巢的嘲鸫（mockingbirds）。他把这些戏剧化的绘画带到了英国进行雕刻复制。但这已经是最后一批以此技术印刷的重要博物学绘画了。

　　一位德国印刷工发现，用蜡笔在细粒度的石灰石上划线，可以上墨并印刷。他改进了这项技术，让整个欧洲都开始用石版印刷工艺。格斯纳的木刻和奥杜邦的铜板雕刻通常都由专业工匠复刻原始图纸，与此二者不同，石版印刷可以直接由艺术家之手复制最细腻的线条——如果他愿意画在石头上的话，而大多数都是愿意的。这项技术导致了博物学书籍的新一轮井喷。其中最引人注目的是约翰·古尔德（John Gould）的作品。

　　19世纪是鸟类学探索的史诗年代。新种类的标本从世界各地涌入欧洲。古尔德的职业生涯以伦敦动物学学会（Zoological Society of London）的动物标本剥制师起步，不久后，他就成了一名全职出版商。他聘请一批极有才华的鸟类艺术家，包括他的妻子伊丽莎白（Elizabeth）；约瑟夫·沃尔夫（Joseph Wolf），一位特别擅长描绘猛禽的德国鸟类画家；爱德华·李尔（Edward Lear），可能是其中最具天赋的十八岁画家，他后来还因胡话

图24
爱德华·李尔（Edward Lear）
鞭笞巨嘴鸟（Ramphastos toco）
出自约翰·古尔德的《巨嘴鸟科专著》
（*A Monograph of the Ramphastidae or Family of Toucans*），1834年

诗（nonsense verse）收获了更为显赫的声名。古尔德奢华的对开本用大量装饰并镀金过的摩洛哥山羊皮作封皮，出现在全英国贵族图书馆书架的显眼位置。此书研究了亚洲、欧洲和澳大利亚的鸟类。所有已知种类的蜂鸟、八色鸫（pittas）、巨嘴鸟（toucans）、咬鹃（trogons）和极乐鸟（birds of paradise），另外还有大约两百头有袋动物，都有一幅单独的版画（图24和25）。总之，古尔德的画家画了几乎三千种不同的物种。

图25
约翰·古尔德和威廉·哈特（William Hart）
极乐鸟
出自约翰·古尔德的《新几内亚的鸟类》，
1875—1888年

到了20世纪初，一个时代似乎即将面临尾声。那个时代里有着具备科学性的博物学绘画和容纳了这些插图的巨大开本。而如今，摄影统治的时代来临。起初这项技术只是一种又简单又便宜的方式，把博物学绘画转移到金属版或石灰石上去。但后来随着摄影师技术日趋纯熟，相机愈发小巧万能，照片也就直接用作插图了。

图26
亨利克·格伦沃尔德（Henrik
Grönvold）
蓝山雀（blue tits），加那利
群岛（Canary Islands）亚种，
约1920年

　　20世纪初，如果你足够吃苦耐劳，又是位足够优秀的自然学家，那么你很有可能按
按手指就能捕捉到你面前生物的清晰图像。通过绘制动物来编目的需求似乎即将殆尽，但
出现了一种新需求。越来越多人居住在城镇里，一生中大多时间不曾接触乡村，且由于乡
村本身越来越贫瘠，范围越来越小，出现了一群拥有高度专业性的业余自然学家。他们来
到乡村，想通过辨认鸟类羽毛的微小细节，来识别其确切种类。照片很少能做到这一点，

于是一种新的艺术家横空出世，他们制作出细节丰富的精美版画，描绘一排排相近的鸟类——雄鸟、雌鸟和幼鸟，种、亚种和种族（图26）——他们用双筒望远镜细细观察，让专业自然学家通过这些绘画得以精准辨认。

而今又发明了另一项捕捉自然世界图像的新技术——电子照相机。在过去的半个世纪里，它从手提箱大小的笨重物件，变成了微型设备；从只能拍出粗粒黑白照片，变成了在微弱光线下，甚至人眼都难以辨认面前之物的情况下，也能记录高质量的彩色照片。线缆可以从狭长隧道尽头的地下机房进线室里把照片传输出去。新的防震配件和长焦镜头可以让相机在动物300米上方盘旋的直升机里，也能拍摄它们的头肩特写。

你可能会认为这些最新的研发成果会终结一个绵延了三万年的传统。并非如此。如今仍有艺术家绘制某些特定动植物群的大幅专著，他们乐于接受有着审美高度和科学精度双重要求的任务。而且仍然有些艺术家同亚历山大·马歇尔一样，为自我而画、无意向世界展示他们的作品。

永远都会如此，无论这些艺术家创作作品的表面动机是什么——为了缓和修道院的肃穆氛围，为了在一种生育仪式中唤起动物的精神力，为了探索解剖学，或者为了编目探索所得，有一个共同特性把他们相连。持续并专注地观察自然世界的人，都感受到了铭心的喜悦。

莱昂纳多·达·芬奇

马丁·克莱顿

"装扮这世界的所有自然之作"

　　莱昂纳多·达·芬奇对自然世界的研究是他作品中的核心部分。他坚信画家必须了解生物的每个部分才能创作出真实的图像；而且他认为这些部分紧密关联，不可能在研究时划清一个个领域间的界限。他大部分活动都或多或少与他计划完成的一本绘画专著有关。该书最核心但未曾明示的目的，本质上就是完整描绘自然现象的各个方面。意料之内的是，这本专著没有完成，但它引发的研究，包括人类与动物解剖学、植物学、地质学、水力学、光学、飞行学及其他许多学科研究，让莱昂纳多脱颖而出，成为文艺复兴时期伟大的科学家之一，也是伟大的艺术家之一。

印刷图13的局部细节

　　莱昂纳多（图27）于1452年4月15日出生在芬奇镇附近，位于佛罗伦萨以西72千米的阿尔诺河谷（Arno valley）中。他是公证人瑟·皮耶罗·达·芬奇（Ser Piero da Vinci）和一个农家女孩卡特琳娜（Caterina）的私生子，生活在祖父家中。莱昂纳多早期的教育很基础，学习了阅读和写作，但算术水平很不稳定。他后来尝试学习过一些拉丁语，但他对大多数科学著作的语言从不满意。

　　莱昂纳多是左撇子，毕生习惯用从右往左的镜像书写方式来做笔记。这倒不是为了保密研究成果，他声称，只需要一点点练习，镜像书写相对而言更便于阅读。镜像书写是幼童时期常见的怪癖，起因可能是一种娱乐性的小伎俩，却成为莱昂纳多从未抛弃的习惯。

　　二十岁时，莱昂纳多加入了佛罗伦萨的画家公会，可能在雕塑家、画家、建筑师安德烈·德尔·韦罗基奥（Andrea del Verrocchio）的工作室里工作。职业生涯伊始，莱昂纳多就显露出对自然世界的着迷。他最早的绘画作品可追溯至1473年8月5日，是一幅阿尔诺河谷的风景画，也是对岩层、流水和摇曳树木的密集研究。数年后，他画了一幅乍一看是凭空想象的溪谷画（印刷图1），之所以会带来这种印象，不是因为比例失衡的巨大鸭子和天鹅，而是画中仔细记录了一种在阿尔诺河谷上游发现的岩层，那是些因砂岩受到侵蚀而形成的锯齿状高大柱体。

如此这般的作品标志着莱昂纳多迷恋自然世界的起始。他认为所有一切，包括人、动物、植物、水道乃至地球本身，都是受自然规律约束的发展变化的有机体。1490年前后，他写道：

"由于人类由土、水、空气和火组成，所以与地球之躯类似。人体内有骨，是肉身的支撑与框架，而地球有岩石支撑；人体内有血之湖，肺在其中胀缩呼吸，而地球有海洋，每六小时也会胀缩呼吸；血之湖伸展出静脉，将分枝遍布人体，而海洋用无数水脉填满地球之躯。

某种原因让每个物种体内的体液对抗重力自然规律（即字面意义，自身重量的自然之力），不停流动。同样的原因也驱动着水，流经地球各条水脉。

流至封闭处，会以小道的形式分流。血液从底部上行，从前额破裂的静脉处流出。就像水从藤蔓底部流往分枝切口，从海底深处流往山顶。水在山顶找到断口，倾斜而下，流回海底。"

图27
弗朗西斯科.梅尔齐（Francesco Melzi）提供
莱昂纳多·达·芬奇肖像，约1515年

印刷图1（P42）　岩石峡谷，1475—1480年

印刷图2　层状岩露出地面的岩层，约1510年

　　莱昂纳多本能般地感受到了巨大的地质力量，它们摧毁山脉，抬升海床，改变大陆形状。他熟悉阿尔卑斯山脉，曾回忆过罗莎峰（Monte Rosa）攀登之事，目睹过高海拔处的蓝天变暗。他在山上观察过躺在岩层间的海生物化石，包括"一些鱼的鱼骨和牙齿，其中有些鱼就是所谓的箭鱼，还有蛇的舌头"。他详细写下贝壳化石与《圣经》中洪水描述之间的不一致之处。莱昂纳多对地理学的兴趣肯定众所周知，因为他回忆道，"当我为米兰创作'大马'（见下文）时，某些农夫带了一大袋（贝壳化石）到我工作室送给我"。

　　莱昂纳多的文章一遍遍展现了他对于这些无限的循环和无尽的过程有着深邃的认识，还解释了一些画中远处风景的意义，包括都保存在巴黎卢浮宫的《蒙娜丽莎》（*Mona Lisa*）和《圣母、圣子与圣安妮》（*Madonna and Child with St Anne and a lamb*）。他画了很多风化和坍塌的岩石，有些是想象出来的，但另一些像印刷图2这样的画，记录了现实中的形成物——这是一种开裂层状岩从地表爆裂开后露出地面的岩层，17世纪前不曾对此有过如此专注而敏锐的绘画记录。

　　此画展现出来的密切观察，是莱昂纳多探索自然世界的关键。幸存的最早一组莱昂纳多画作是1481年受托所画的《三博士朝圣》（*Adoration of the Magi*），存于佛罗伦萨的乌菲齐美术馆（Uffizi）。莱昂纳多不久后移居米兰，这组画就未曾完成。他画了很多动物，挤满画作的构图，有牛、驴、马，在一幅透视研究作品中甚至还有头骆驼。有些非常贴合现实，驴屈身进食时候瘦削的臀腿，牛的结实轮廓；还有些更像是对空想的呈现，如印刷图3。研究成果证明他仔细观察了马的结构，肩颈部拉紧的肌肉上，皮肤既有伸展，也有紧绷。

　　莱昂纳多最重要的课题中，马匹是极具标志性的一项。他放弃《三博士朝圣》后过了几年，应米兰的统治者路德维格·斯福尔扎（Ludovico Sforza）之聘，为其父弗朗西斯科（Francesco）制作一个巨大的马术青铜纪念碑，有现实尺寸的三倍之大。起初，莱昂纳多想让马摆出以后腿站立的动态姿势，但雕塑的技术问题难以克服。1490年，他转而采用了普通的步行或漫步的姿势，只有一条前腿抬起。从罗马时代起已知的马术纪念碑中，鲜少有这种姿势，却被近期一些先锋作品所采用，比如多纳泰罗（Donatello）的格提米内特

印刷图3　用后腿站立的马，约1480年

（Gattamelata）将军骑马铜像和韦罗基奥（Verrocchio）的科莱奥尼（Colleoni）骑马雕像。1493年，巨大的陶土模型完成，但铸造品从未制成。第二年，铸马用的铜被征用，送去费拉拉（Ferrara）制作炮弹，纪念碑一事暂搁。1499年，法国军队侵略米兰时，法国箭手用陶土模型作瞄准练习目标，模型被毁。

　　为了塑造这个巨大的陶土模型，莱昂纳多对马的结构进行了详细研究。他一般在米兰军队的上将加利亚佐·桑塞韦里诺（Galeazzo da Sanseverino）的马厩里作研究。有些画

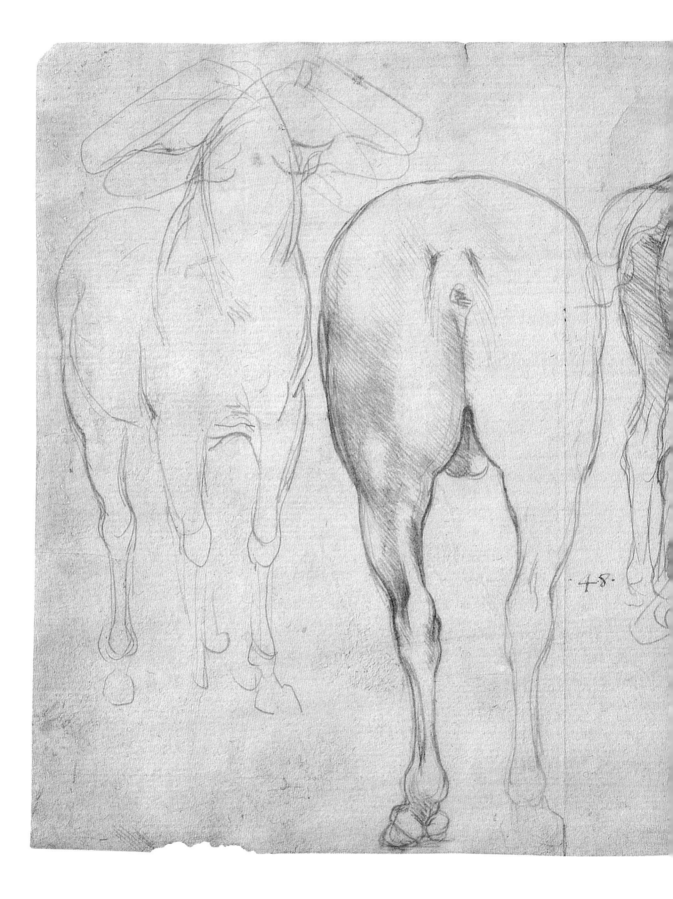

48.

印刷图4　马匹研究，约1490年

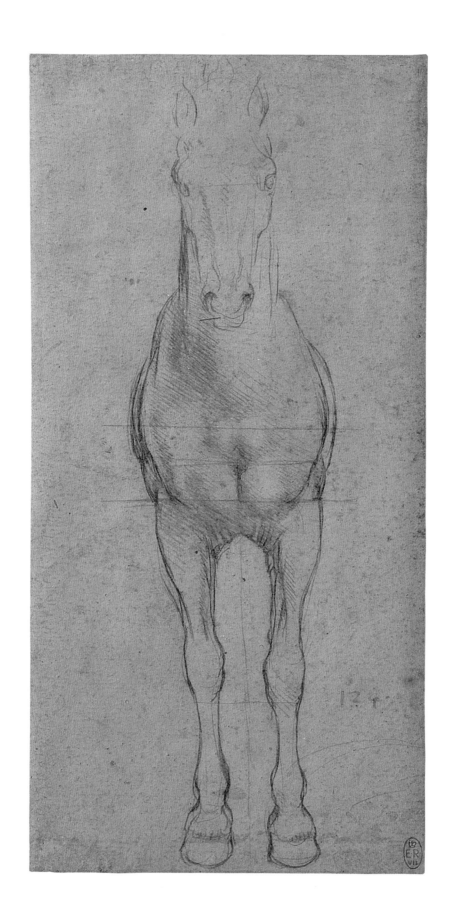

记录了他研究的具体马匹，《西西里人》或者《梅塞尔·加利亚佐的西班牙小马》。有些作品展示了马的寻常姿势，如印刷图4，关键轮廓和快涂阴影的组合呈现出一种奇妙的体积感。还有些作品更具系统性，探究了马"正立面"和"侧立面"的长度和表面建模，宛如建筑研究一般。印刷图5展示了一匹大马颇具紧张感的正面视图，有几条水平线出现在它的视线、胸部三处和膝下位置。未等莱昂纳多用测量结果对其加上注解，这项研究就放弃了；他推进了其他一些研究，详细记录了马的腿部、躯体和头部的尺寸。与此同时，莱昂纳多似乎也研究了马的内部结构。他的早期传记作家乔尔乔·瓦萨里（Giorgio Vasari）曾说，莱昂纳多撰写了一篇关于马类解剖学的论文手稿，但在法国入侵米兰时丢失了，一幅幸免于难的绘画描绘了某四足动物的内脏，可能是一匹马的。

　　尽管要解剖这么大一头动物已经存在很多困难，但在1490年前后，莱昂纳多的马匹作品只是他动物解剖学广泛研究中的一个方面。莱昂纳多第一批伟大科学研究作品诞生：他组建了一个小型图书馆，开始记录对光、色彩、透视等的观察结果。他最初的目的是编写一篇关于绘画艺术的论文，但不久后，他又构思了一个对画家来说更重要的主题——人体。这篇论文包含了男人（以及女人和孩子）的所有方面，感官、情感和表达等可以通过推测来论述，但解剖学和生理学需要实质性的研究。当时关于身体功能的文章几乎不曾触及身体结构，莱昂纳多发现，他必须综合所有能获取的来源中呈现的元素。他的有些作品证明了他对传统信仰的完全信任，比如他有幅著名的画，展示了一个男人在与女人性交中的半切面。他获得了些人类骨骼材料，画了一系列头骨各个部位的图画，是他早期解剖学研究的杰出成就。虽然米兰的主要医院允许进行人体解剖，但获取新鲜尸体的渠道受到了严格控制。在莱昂纳多这段事业时期，他似乎没有解剖过任何人体的软组织。

印刷图5（P48）　正面视角的马，约1490年

中世纪时，棕熊遍布欧洲，包括不列颠群岛。即使在莱昂纳多时代，棕熊在意大利也不鲜见。今天，意大利的野生棕熊仅限于阿布鲁齐国家公园（Abruzzi National Park）里的一小群。

熊是唯一一种用和人类相似的方式机械行走的大型哺乳动物，会将脚掌平放于地面行走。猫和狗走路时会抬高脚跟；牛、羊和马实际上只用趾尖走路，而它们的脚趾数本来就很少。熊的步态与人类的相似这一点十分明显，直至如今，它们还常因此被捉捕，由驯兽员训练成"跳舞熊"。

莱昂纳多肯定非常了解动物脚部之间的相似与不同，因为他解剖并画过人类的脚和狗的爪子。这幅画表明他对脚部力学有了透彻的了解——肌肉通过舒张连接肌肉和骨骼的韧带来发挥力量，如同绳索和滑轮一般。

D.A.

印刷图6（P51）　熊掌的结构，1485—1490年

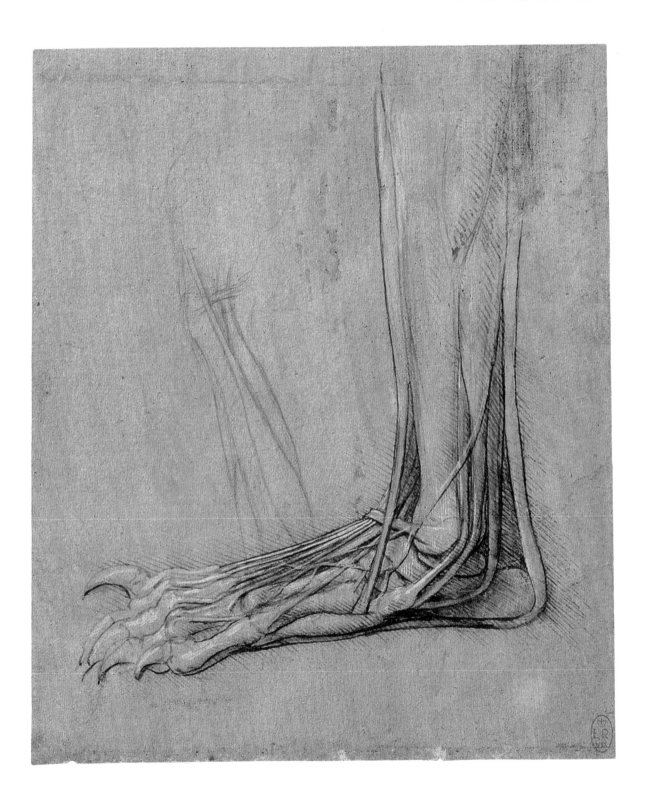

　　莱昂纳多转而去解剖动物，希望能给人体结构带来一些启示，因为他一直深信当时一种普遍的观点，"所有陆生动物的肢体都相似……除了长度或厚度，没什么其他区别"。他的解剖对象包括狗、猴、蛙、猪和熊。有时他会尝试调整比例，去契合他对人体的观察结果。只有通过结构特征，才能看出在他的刀下究竟是哪只动物。但当他画的是他发现的结构时，会呈现出一种很强的客观性和准确性。一系列解剖熊掌的研究就是最好的例子（印刷图6）。画中，莱昂纳多专注于熊掌的腱与其对骨骼的附着。熊掌的上表面上方就是伸肌腱，最远处的爪子抬起以展示伸肌腱的运动，腱再通过前部环状韧带把脚踝固定在某个角度。这一特征显然给莱昂纳多留下了深刻印象：二十年后，他在制订另一项研究计划时，提醒自己"要对每只动物的每只手掌进行研究论述，来展示它们之间的不同之处；就像熊掌，韧带在脚踝上方与脚趾的腱相连"。

　　1490年后，莱昂纳多的第一波解剖学研究热情趋于平静，在之后的十五年中，他不再触碰这个题材。1500年，在法国入侵米兰，推翻他的赞助人路德维格·斯福尔扎后，莱昂纳多回到佛罗伦萨，开始准备画《丽达与天鹅》（*Leda and the Swan*）。这个神话传说主要是讲朱庇特（Jupiter）变身天鹅，引诱斯巴达国王廷达瑞俄斯（Tyndareus）的妻子丽达（Leda），后来丽达产下几颗蛋，孵出特洛伊的海伦（Helen of Troy）、克吕泰涅斯特拉（Clytemnestra）以及双胞胎卡斯托耳（Castor）、波吕丢刻斯（Pollux）。

　　莱昂纳多的丽达拥有充满植物和花朵的前景，强调画中主体内在的生殖力。随后几年中，他画了一系列植物图，其中很多都可以辨别品种。最著名的那幅画了一朵伯利恒之星（印刷图7），也有五叶银莲花（wood anemone）和泽漆（sun spurge），近距离关注了泽漆奇特的头状花序。印刷图8中再次研究了五叶银莲花，旁边还有朵金盏花（marsh marigold）。印刷图10展示了一种草的茎，这种草从东亚引入了欧洲，有"约伯的眼泪"（Job's tears）之称，莱昂纳多的画似乎是它出现在意大利的最早证据。

印刷图7（P52）　伯利恒之星、五叶银莲花和泽漆，1505—1510年

印刷图8　金盏花和五叶银莲花，1505—1510年

其中有些植物绘画是用红色粉笔画在橘红色的纸上，与他任何一幅科学性绘图一样客观。印刷图11是对橡树枝的一项大胆研究，浓密的阴影赋予它一种当时任何作品都无出其右的可塑性和生命力。图的左侧是对染料木（dyer's greenweed）的更细致研究，通过褶层和圆孔，将其与橡木进行区别。印刷图12上也能找到圆孔间隔相同的类似褶层，这是对黑莓枝的研究。很明显，这说明这些画原本都画在同一本纸册上。

这些画的细致程度比丽达之画所需的要高得多，表明莱昂纳多当时正在研究植物学本身。印刷图13中有两株长了种子的灯芯草（rushes），设计成和莱昂纳多的多数解剖学图页一样。所附的说明如下：

这是第四种也是最高的一种灯芯草的花朵。这种灯芯草能长到三至四布拉恰（1.5～2米）那么高，靠近地面处能有一根手指粗。它干净、圆润，叶片有着漂亮的绿色，花有些浅黄褐色。这种灯芯草生长于沼泽等地，从种子中悬出的小花朵是黄色的。

这是第三种灯芯草的花朵。这种灯芯草高约一布拉恰，厚度是三分之一根手指左右。但它的横切面是等角三角形，灯芯草本身与其花朵的颜色都和上述那种相同。

印刷图9　黑莓的带叶小枝，1505—1510年

印刷图10　薏苡（Coix lachryma-jobi），约1510年

印刷图11（P57）　橡树（Quercus robur）和染料木（Genista tinctoria），1505—1510年

印刷图12 黑莓枝，1505—1510年

印刷图13（P59） 两种灯芯草的种子穗：菰沼生藨草（Scirpus lacustris）和莎草（Cyperus sp.），约1510年

　　莱昂纳多的作品中散布的图画和评论表明，他正在盘算写一篇关于植物学的论文，重点是植物的实体结构。他收到了几本相关主题的书籍，一本《大药草》（*erbolajo grande*），还有一本彼得罗·克雷申齐奥（Pietro Crescenzio）版本的《农业书》（*Libro della agricoltura*），两本都列在莱昂纳多1504年的藏书中。他的《手稿G》大约1510年起作于巴黎，里面包含了树木生长和分枝的草图和论述，例如"樱桃树在分枝方面具有杉树的特征，围绕着主干分层出现……榆树拥有最大的顶部树枝……今年看到，核桃树枝上叶子之间的距离越来越远"等。手稿还包含了许多关于落叶的段落，与其说是绘画主题论文，实际上与植物学主题更为密切相关。有一幅对树木的细致研究图（印刷图14），可能是棵榆树。图可以追溯至大约这个时期，因为下面有段注释：

　　　"树木阴影处的部分都是同一种色调，而树枝愈密处，色调更暗，因为光线更少。但树枝相交处有光的地方会更显明亮，树叶也在阳光的照射下闪闪发光。"

　　莱昂纳多的植物学专著未曾写成，但有些植物研究成果肯定用在了丽达的画中。这画是他在生命的最后十年里画下的。原画在1700年前后被摧毁，但众所周知有几个复制版本。它们以不同的组合形式展示了各种各样的植物，很难从中精确地重构出莱昂纳多到底运用了什么研究成果。

　　1503年前后，在莱昂纳多开始绘制丽达的同时，佛罗伦萨共和国政府委托他在领主宫（Palazzo della Signoria）的议会厅内绘制一幅巨大的安吉里之战（Battle of Anghiari）壁画。要他画的唯一画面是"经典之战"（Fight for the Standard）的中心场景，一场人马之战，让莱昂纳多对表现人、马和狮子的狂怒进行了比较研究（狮子当时就关在领主宫后的笼子里）。安吉里之战重燃了莱昂纳多对人体解剖学的兴趣，起初他还只是专注于表层，但很快就开始探究表面之下的东西。他如今是佛罗伦萨备受推崇的人物，政府也多番找他咨询，他的服务能够当作外交礼物。他地位陡升，因而首次接触到了人类尸体，先是从佛罗伦萨的修道院和大学医院，而后是米兰、帕维亚和罗马。接下去的十多年里，他号称解

印刷图14 树，约1510年

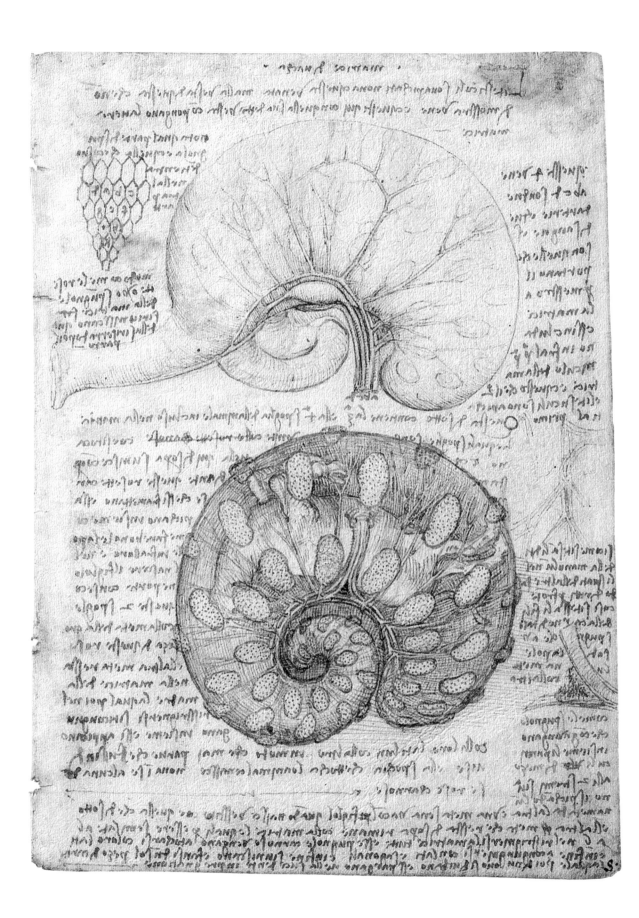

剖了三十具尸体，这个数字与目前留存的图画、笔记的数量并不相悖。

　　但莱昂纳多有时还是会用动物作材料。他在1510—1513年令人震惊的心脏学研究就以牛心脏的解剖作为基础。多年里，他一直致力于飞行器的研究，有过一篇关于鸟类飞行的著作以及一些对鸟类翅膀的细致观察。他试着"描绘人类、猿等肠道的各种形态，狮子、牛和鸟的有何不同"。他提醒自己"要描绘啄木鸟的舌头和鳄鱼的下巴"，并且"等小牛出生时，设法取得胎盘"。在另一本研究人类解剖学的小笔记本中，他对怀孕母牛的子宫（印刷图15）进行了精细研究。

　　印刷图15的上图是双角动物子宫的外视图，阴道朝左，卵巢在中央。下图中，子宫壁已移除，以显示胎盘绒膜的绒毛叶，子宫上"角"内还有个牛胎儿，头朝左，腿向上。莱昂纳多在旁附的笔记中写道，小牛出生时，绒毛叶会在左上角像蜂巢一般集合在一起，以一单张胎膜的形式排出。由于他认为所有动物的子宫都基本相同，所以这注释指的不是牛和牛犊，而是指人类母亲和胎儿。数年后，这项研究成果（错误地）应用于他对人类子宫的研究中。

　　莱昂纳多的解剖学研究中，也许最令人失望之处是研究没有得出个总论，也没将材料整合成适合出版的形式。尽

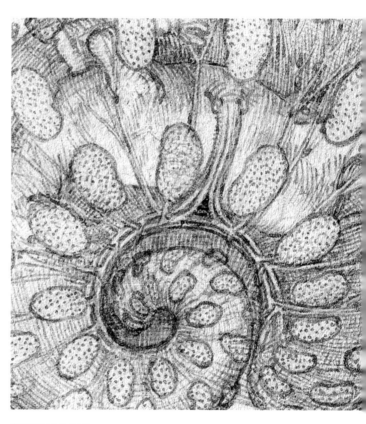

印刷图15的细节

印刷图15（P62）　怀孕母牛的子宫，约1508年

管他掌握了有史以来质量最高的解剖学研究成果，但他似乎在生命中的最后几年里抛开了这些，转而朝新方向出发。莱昂纳多1513—1514年的笔记本中，有一份备忘录列出了一项关于运动的研究计划，篇尾写道："写一篇关于四足动物运动的论文，其中包括婴儿期也以四肢着地爬行的人类。"

　　印刷图16这幅迷人的动物研究图，高度写实地画下了睡觉和理毛中的猫，更风格化地描绘了猫的争斗、狮子的追踪，还有一条意料之外的龙。页面底部残缺不全的注释显示了莱昂纳多的最大兴趣："屈曲和伸展。在各类动物中，狮子是王者，因为它的脊柱十分灵活。"另一条类似的注释出现在另一页图纸上，可能是几年后所作的相关研究（印刷图17）。这幅画的重点是马，但也有对狮子和圣乔治斗龙的描绘："蛇类运动是动物主要运动类型的其中一种，而且是两重动作，第一次发生于纵向，第二次发生于横向。"

印刷图16的细节

　　莱昂纳多不太可能太过深入于这些研究，实际上也很难知道这样一个研究主题能有多深。但他对动物运动的兴趣体现在他最后一个研究项目中。1516年末，莱昂纳多从罗马搬去了卢瓦尔河谷（Loire vally）中年轻的法国国王弗朗西斯一世（Francis I）的宫廷里。

　　他看起来开始埋头于另一个马术纪念碑的工作，可能是受国王本人的委托。除了几张纪念碑的整体草图之外，还留存了很多马类运动的研究图。正如我们所看到的一样，莱昂纳多在职业生涯的好几个阶段都对马进行过相当详细的研究，但早期的那些绘画并不能让他满足，只是作为研究资源保留了下来，后来他开始研究马的运动。大多数画都是在从不同角度检查马的腿部，马要

印刷图17的细节

么定定地站在地面上，要么抬起前进或漫步。印刷图18就是其中一幅，马的前视图和后视图令人想起他近三十年前为斯福尔扎纪念碑所作的一些研究（例如印刷图5）。附注更加模糊，开头写道："马前驱的运动分为两部分，第一部分包括右侧比左侧抬起的幅度更大。"

　　和莱昂纳多的其他项目一样，最后的这个马术纪念碑也未曾离开过绘图板。1519年5月2日，莱昂纳多在昂布瓦斯（Amboise）去世，工作室里的东西由他的两位忠实伙伴弗朗西斯科·梅尔齐（Francesco Melzi）和被称为萨莱（Salai）的吉安·贾科莫·卡坡蒂（Gian Giacomo Caprotti）继承。梅尔齐把图纸和手稿带回米兰附近的家族别墅里，花了多年时间将它们归置成序，他从莱昂纳多的笔记中摘抄段落，试图编写这位伟大艺术家从未完成的绘画论文（1651年，卡西亚诺·德尔·波佐的代理商终于印刷了梅尔齐的汇编版本）。梅尔齐于1570年去世后，他的儿子将莱昂纳多的文件都卖给了雕塑家庞培·莱昂尼（Pompeo Leoni）。

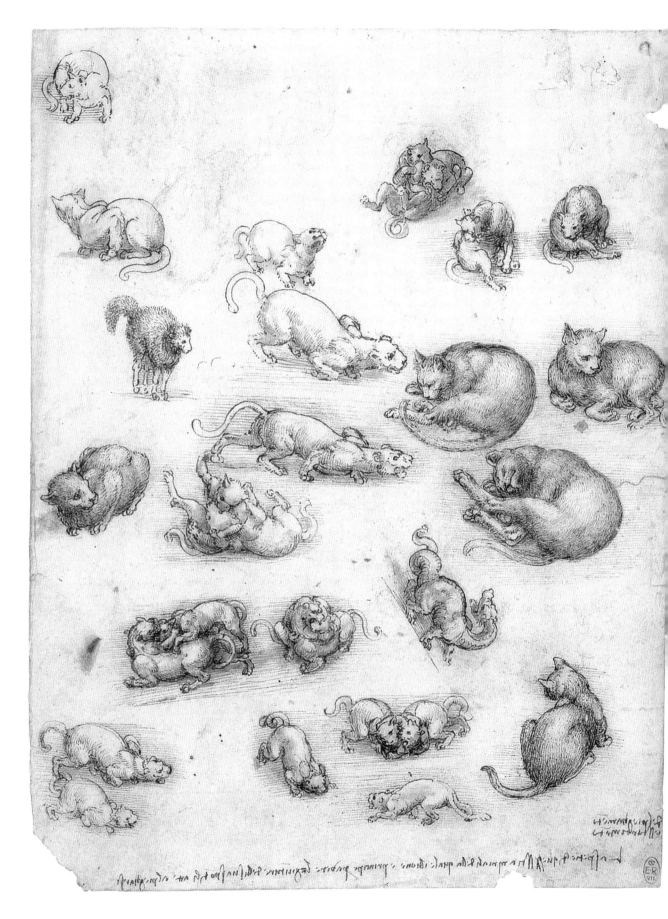

龙的真实性依然无人怀疑。格斯纳和阿尔德罗万迪编著了伟大的第一部博物学百科全书。尽管这已是莱昂纳多去世近一个多世纪后出版的作品，里面仍然对龙进行了详细的编目。

他们认为龙有几种不同类型，有些没有腿。

毫无疑问，龙的描绘受到了曾前往非洲和远东热带地区的游客所讲述的巨型蛇故事的启发。百科全书清晰表明，无腿龙甚至比最大的蛇更强大，因为它们还戴着小皇冠。另外还有些有腿的龙，腿的数量各不相等。有一种龙只有一双腿，长在脑后，还有的有四条或者八条腿。有头壮观的怪物名为海德拉（hydra），有七个脑袋。

这张图纸生动地记录了莱昂纳多对动物本质的思考。

很明显，他开始记录猫和狮子在跟踪、玩耍、威胁和争斗时的精确姿势。与此同时，他在思考，如果一条四足龙的骨架和肌肉类似于猫的话，会如何抬起长长的脖子，卷起更长的尾巴。

D. A.

印刷图16（P66） 猫、狮子和龙，1513—1516年

　　人们还认为有几种龙的肩部会长出翅膀。作为一名经验丰富、知识渊博的比较解剖学家，莱昂纳多琢磨过，这种生物必须拥有怎样的身体机制，才能控制这样的翅膀。这张图纸上的研究是一位坐在马背上的圣徒如何对付这种龙，他确实给龙画上了翅膀，但他的比较解剖学实践让他明智地采用了前腿的调整版本，就像鸟类翅膀一样，而不是去控制从肩部额外长出的一对肢体。

D. A.

印刷图17（P69）　马、圣乔治和龙，还有狮子，1517—1518年

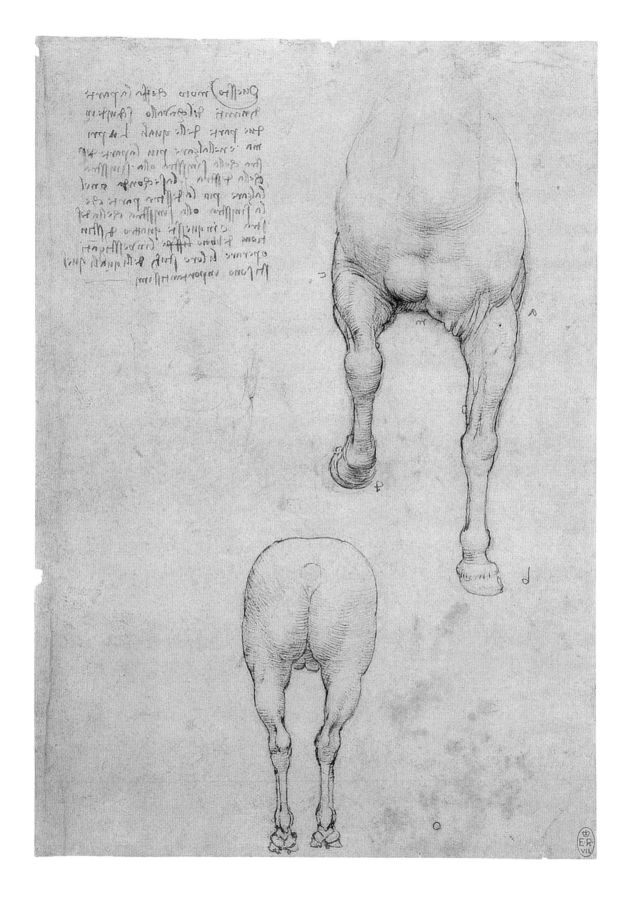

印刷图18（P70）　马的前胸和后躯，1517—1518年

　　莱昂尼于1608年在马德里去世，他死后，如今的温莎卷就被拍卖了。1630年，它到了英格兰境内，由大收藏家托马斯·霍华德（Thomas Howard）收藏，他是第二任阿伦德尔伯爵（Earl of Arundel）。内战期间，阿伦德尔离开英格兰前往低地国家，最终去了意大利，但他是否随身携带了莱昂纳多的集册则不为人所知。直至1690年才再次有记录显示，有人在伦敦看到，它成了威廉三世（William III）和玛丽皇后（Queen Mary）的藏品。至今仍不清楚这本集册如何进入了皇家收藏，很有可能是查理二世（1660—1685年在位）购买的，或是获赠的礼物。

印刷图16的细节

卡西亚诺·德尔·波佐的
"纸上博物馆"

瑞·亚历山德拉托斯

"以猞猁之眼"

古文物研究者和收藏家卡西亚诺·德尔·波佐（1588—1657年）的"纸上博物馆"，由数以千计的绘画和版画构成，是古代世界和自然世界的视觉百科全书。主题涵盖了幸存的罗马文明遗产（包括建筑、壁画、镶嵌图案、浮雕、铭文和家具）、文艺复兴时期建筑、与早期基督教教堂相关的手工艺品、地图、宗教游行与节日、服装、肖像；还有自然界的各个方面，从鸟类、鱼类等动物，到植物、真菌和化石。"纸上博物馆"中大约留存下来七千幅图画（版画未计在内），其中两千五百幅的主题是博物学。

卡西亚诺·德尔·波佐（图28）出生于都灵。他父亲的堂兄卡洛·安东尼奥·德尔·波佐（Carlo Antonio dal Pozzo）在比萨做托斯卡纳大公（Grand Duke of Tuscany）斐迪南一世（Ferdinand I）的大主教和顾问，卡西亚诺也就在那里接受了大部分教育。1607年，他毕业于民法和教会法专业，1612年在锡耶纳（Siena）担任法官，随后移居罗马，度过余生。1623年，他成为红衣主教弗朗西斯科·巴贝里尼（Cardinal Francesco Barberini）的教宗府成员之一。这位红衣主教是新任教皇乌尔班八世（Urban VIII，1623—1644年在位）的侄子。卡西亚诺于1625—1626年伴随红衣主教，前往法国和西班牙执行外交任务，1633年被任命为教宗府总管。尽管他从未获得过丰厚财富，但这些官方职位为他带来了文化事务方面的影响力和收入，且正是由于这些文化事务，巴贝里尼时期（尤其是红衣主教任期内）变得名闻遐迩。

卡西亚诺和弟弟卡洛·安东尼奥·德尔·波佐（1606—1689年）一起住在罗马基亚瓦里街（via dei Chiavari）的小型宫殿里。他是个充满激情的收藏家，也是一个对所有自然事物充满好奇的青年。他在这所宫殿里藏有著名的油画、版画和素描，还有书籍、自然标本、科学仪器、活鸟和动物的养殖圈地，以及用于化学实验和解剖的实验室。1657年卡西亚诺去世时，他的朋友卡洛·达蒂（Carlo Dati）写了篇悼词，为作为一名自然学家的卡西亚诺作了伟大声明："他绝不满足于简单地描述和记录自然。"达蒂坚定地说道，卡西亚诺"走得更远，他以'猞猁般的眼睛'研究解剖学"。达蒂在此处暗指的是欧洲首个现代科学学院"猞猁学社"（Accademia dei Lincei），卡西亚诺是成员之一。学社以猞猁为名，这是种传说中视力相当敏锐的动物。

图28
彼得罗·安尼基（Pietro Anichini）
卡西亚诺·德尔·波佐的肖像，卡洛·达蒂
的葬礼演讲《卡西亚诺·德尔·波佐之颂》
（*Delle lodi del commendatore Cassiano dal
Pozzo*）的首页插图，1664年

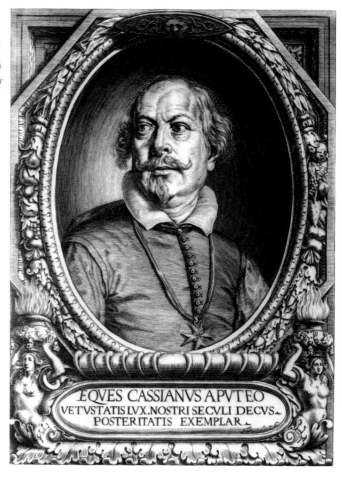

猞猁学社由费德里科·切西王子（Prince Federico Cesi）于1603年在罗马建立，比伦敦的皇家学会（Royal Society）和巴黎的法国科学院（Académie des Sciences）都早了半个世纪。它十分强调观察是解开自然和宇宙奥秘的关键，成员包括伽利略。可视化文件在这个机构中有着至关重要的地位，也正是由于这些文献（而不是艺术）的推动，催生了卡西亚诺对博物学图画所作的汇编。

1622年，卡西亚诺当选学社成员时所提交的专著是乔瓦尼·皮特罗·奥莉娜（Giovanni Pietro Olina）的《鸟舍》（*L'Uccelliera*）一书。他曾帮助作者收集材料，并致信切西王子，该出版物是"一个试验，看看如果奉献一点费用和精力，我在收集的图画能

否用作这种著作的插图"。《鸟舍》是对一本流行手册的改编，即安东尼奥·瓦利·达·托迪（Antonio Valli da Todi）1601年的《鹰之歌》（*Canto degli augelli*），主题是野禽捕猎艺术。卡西亚诺在原画基础上"非常勤勉地增添了些文森佐·莱昂纳德（Vincenzo Leonardi）所制的"新版画。卡西亚诺自己不是艺术家，他委托艺术家直接画下物体或标本，已经有图画资源的，则临摹复制。但我们对他雇佣的艺术家知之甚少，主题比画家重要，这是"纸上博物馆"的一个问题。

卡西亚诺因资助尼古拉斯·普桑（Nicolas Poussin）和彼得罗·达·科尔托纳（Pietro da Cortona）等知名艺术家而闻名，但受雇画"纸上博物馆"的艺术家却鲜为人知。只有一张图纸上有签名，那是文森佐·莱昂纳德所画的一只麻雀。这也是唯一能和这些博物学绘画明确联系在一起的名字。莱昂纳德本身留下的信息很少，只知道他在1625年陪同卡西亚诺前往法国，还为"纸上博物馆"相关的三本博物学出版物中的两本提供了插图，一本是《鸟舍》，另一本是乔瓦尼·巴蒂斯塔·法拉利（Giovanni Battista Ferrari）的《金苹果园》（*Hesperides*），后者是一本以水果种植为主题的专著。许多卡西亚诺的柑橘画（如印刷图19和20）因而都可以归在莱昂纳德名下。再从风格着手，"纸上博物馆"中的许多其他博物学绘画也可以辨认出是这位画家的作品了。

除了绘画委托，卡西亚诺还购入了大量前段时期的绘画作品，包括猞猁学社的《画书》（*libri dipinti*），于1630年切西去世后，从他遗孀处购买得来，其中有一百多幅木化石图。这些画后来为猞猁学社成员弗朗西斯科·斯泰卢蒂（Francesco Stelluti）1637年所作的《矿物化石木论》（*Trattato del Legno Fossile Minerale*）提供了蚀刻样板。切西着迷于木化石，因为它们似乎结合了多个领域的特质，正如他写给红衣主教巴贝里尼的信中所说，具有"植物与矿物的中间性"。如今，巴黎的法兰西学院（Institut de France）保存了一部更大体量的八卷本猞猁学社图集，专门绘制

印刷图19（P76） 雪柚（Citrus grandis）：全果和半果，约1640年

图29
马特乌斯·格罗伊特（Matthæus Greuter）
《蜜蜂图解》（*Melissographia*），1625年

了蕨类、苔藓，特别是真菌，有五百多页对开纸。它们被视作"不完美植物"，因为看起来缺乏花或种子之类的生殖结构。

在这些植物学和真菌学的图画中，许多都有关于颜色、气味、口味、重量、季节和标本发现地的注释，还有些放大的细节旁标注着自豪的铭文，"显微镜观察"。这是用伽利略发明的革命性工具所作的最早一批插图，1624年交给了猞猁学社的同僚。猞猁学社成员、医师约翰内斯·法布尔（Johannes Faber）写道，凭借这种"对眼睛的帮助"，"我们的切西王子要求把许多至今被植物学家认为没有种子的植物画在纸上"。首本利用显微镜制作而成的印刷图集于1625年出现，是一部名为《蜜蜂图解》的雕版印刷品，包含了三幅蜜蜂图，及其解剖细节的放大视图（图29）。蜜蜂是巴贝里尼家族和教皇乌尔班八世的象征，学社专为他们设计了这幅版画。

卡西亚诺亲自跟进1622年的《鸟舍》，包括大量关于鸟类学的非凡专论和简短的手写论述，似乎鸟类学主题令他最为着迷。其中三篇关于兀鹫（bearded vulture）、红喉北蜂鸟（ruby-throated hummingbird），以及卷羽鹈鹕与白鹈鹕（Dalmatian and European pelicans）的专论留存了下来；1625年他在巴黎看到路易十三（Louis XIII）的藏品中有只巨嘴鸟（toucan），后来就有了一篇更深入的关于巨嘴鸟的专论，法布尔曾在1628年的猞猁学社出版物《墨西哥动物》（*Animalia Mexicana*）中引述过，但已然遗失。唯一一篇文与图同时留存的专论主题是鹈鹕（包括印刷图21和22）。1635年，有人在奥斯提亚（Ostia）附近目击到鹈鹕，并带给卡西亚诺。这篇专论对两种鹈鹕进行了区分——卷羽鹈鹕"略小"，羽毛颜色和白鹈鹕不同，比起"灰白色"来更像是一种"浅灰色"。卡西亚

印刷图20　多指的柠檬（Citrus limon），约1640年

印刷图21　白鹈鹕，1635年

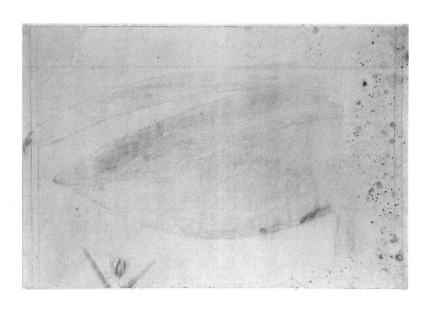

印刷图22的背面

诺想用来自生活的高质量图画去说明自然科学的想法，已在这些专论中形成。那些详细的观察成果要和图画一起阅读：蜂鸟"从图上看起来的就是它的精确尺寸"；白鹈鹕的鸣管（即卡西亚诺打开嘴袋，朝向光源时看到的"喉咙中的分叉器官"）"用粉笔画在背面"，可以在图的背面看到，如印刷图22。

专论的一个显著特点是特别注意颜色的细微和变化之处。白鹈鹕的喙和嘴袋画成了实际大小（印刷图22），卡西亚诺记录道，"附着在嘴袋或嗉囊上的下喙，是一种漂亮的靛蓝色，但画中无法生动呈现；上喙非常美丽，令人惊叹，色彩一波波或者一丛丛地流入彼此——肉粉色、黄色，还有湛蓝色，大约是一种略淡的靛蓝色"。鸟刚到时，嘴袋"是漂亮的稻草黄"，仅仅"数小时后就因枪伤而死了"，而后色彩很快开始变暗。卡西亚诺还测试了嘴袋的容量，发现可"轻易装下十四磅水"。他写道，切尔维亚主教（Bishop of Cervia）饲养了一对白鹈鹕，饲料是鱼（每天可消耗二十至二十五磅，即九至十一千克），以及面包、洋葱、绿叶菜和牛肚。三年后，卡西亚诺收到了另一只鹈鹕，解剖后发现这是只雌性，因为体内还怀有鸟蛋。

印刷图22（P82—83） 白鹈鹕的头部，1635年

印刷图23 非洲灵猫（Civetticus civetta），约1630年

　　非洲灵猫是撒哈拉以南非洲地区的本土物种，基本上是一种独居动物，通过在岩石和树干上涂抹有强烈气味的分泌物来标记领土。在卡西亚诺的时代，人们会圈养灵猫，收集这种分泌物，用来制造香水，分泌物因而备受珍视。所以画家们在画中突出腺体部位并不令人觉得意外。

　　爱德华·托普塞是卡西亚诺同时代的英国人，在他1607年的《四足兽史》（*Historie of Four-footed Beastes*）中写道：“这些分泌物必须每隔一天或两天就取走，否则它们在驯养和封闭的情况下，会自行抹去犬舍中的这些标记。如果分泌物很纯净，没掺杂物，则至少能卖到8克朗。有些人会掺入牛胆汁、安息香和蜂蜜冒充。分泌物味道很奇怪，比麝香受欢迎得多，但如果贴近鼻子，会有股难闻的气味。”

　　我相信最后那条陈述，至少至今仍是真的！

D. A.

　　卡西亚诺的画家们见到的不可能都是活物。三趾树懒的食谱高度专有化，只包含几种树叶，因而不可能在新世界返回欧洲的长途跋涉中生存下来。即便在今天也只有少数动物园能养活树懒。

　　除了这些推论，图中也有充分的证据，证明最初的绘图者画的是一个已死的标本。树懒这种动物一生悬挂在树上，靠爪子就能钩住，不需要依靠肌肉力量。实际上它的腿部几乎没什么肌肉，不可能有力气承受并保持图中所示的姿势。如果把它从树枝上取下，放置于地上，它的腿会横向张开，只能用一种游泳的姿势移动。

　　卡西亚诺的画家们准确地绘出，树懒爪底周围长了厚厚的粗毛，没有裸露的脚掌或爪垫。但显而易见的是，如果它通常采用的是这种姿势，那么不要说这些毛发，就连爪子都很快会被磨损。

　　鬃毛三趾树懒是三种三趾树懒中最稀有的，如今已正式列为濒危物种。它生活在巴西东部的沿海森林中。

D. A.

印刷图24（P87）　鬃毛三趾树懒（Bradypus torquatus），约1626年

印刷图25（P88—89）　海豚（Delphinus delphis），1630—1640年

336

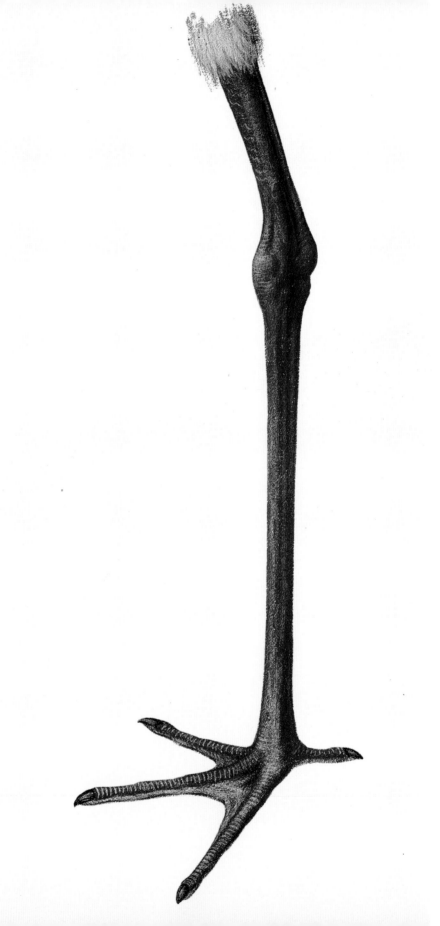

印刷图26（P90） 白鹳（Ciconia ciconia）的腿和羽毛，1630—1640年

印刷图27 白鹳的头部，1630—1640年

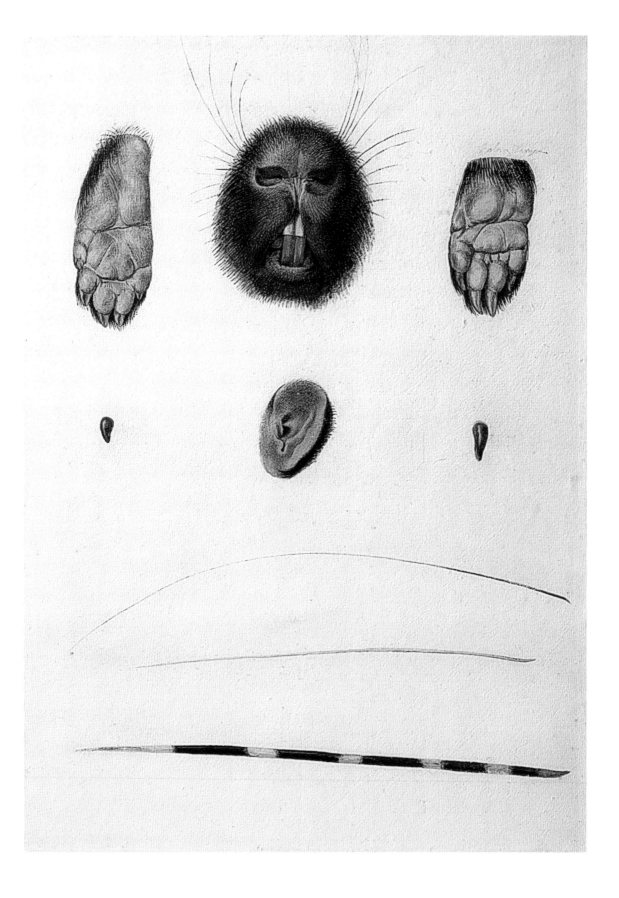

卡西亚诺的手写专论发行量也许有限，但全欧洲的专家学者都能看到"纸上博物馆"，且在17世纪时，把它广泛用作学习和研究的工具书。这些图画也是卡西亚诺和意大利及其他地区的朋友间通信联络的基础，包括法国古文物收藏家尼古拉斯-克洛德·法布里·德·佩雷斯克（Nicolas-Claude Fabri de Peiresc）、彼得·保罗·鲁本斯（Peter Paul Rubens）和法比奥·基吉（Fabio Chigi）。其中，基吉也就是未来的亚历山大七世教皇（Pope Alexander VII）。朋友间把这些图画和标本当作礼物互送：基吉和红衣主教巴贝里尼都拥有私人的异国动物藏品，基吉常年赠送非洲的羚羊、灵猫和马耳他的珠鸡给巴贝里尼。根据当时一段记述所言，卡西亚诺作为红衣主教手下之人，负责所有"到来的非同寻常的动物"，他也获得了委托他人绘制巴贝里尼动物园里动物的许可，比如灵猫（印刷图23）。这头动物因其肛门腺中提取的香料而身价高涨，图中突显了肛门区域，法布尔也在他的《墨西哥动物》一书中详细探讨过。卡西亚诺的实验室中，有人为他解剖了一头灵猫标本，这也是医师、植物学家彼得罗·卡斯泰利（Pietro Castelli）的一篇论文主题，1638年的《鬣狗气味》（*Hyaena odorifera*），其中有一篇致敬卡西亚诺的献词。

在卡西亚诺于1634年写给佩雷斯克的信中，他提及了灵猫，还有其他多种动物，包括大象、羚羊、河马、雄獐、獴、跳鼠和树懒。树懒一图（印刷图24）不是直接根据标本描绘的，可能是临摹了悬挂在埃斯科利亚修道院（Escorial）楼梯上的一幅照片。卡西亚诺在1626年记录西班牙教宗国北部辖地的日记中记录道："一幅巴西动物的肖像画，它很懒惰，或者说迟钝，但讽刺的是，它名为'快速珀利'（Perrico Ligero，原本是给一种敏捷灵活的鼬科动物起的名字）……它毛发卷曲，颜色在棕褐色和灰色之间，前腿很长，后腿则相当短，身体纤细，还有海狸般的牙齿和小小的眼睛。"尽管卡西亚诺的图画都在精准度和细节上表现出色，但这也不是"纸上博物馆"中唯一一个依赖二手资料而非一手观察的

印刷图28（P92） 非洲冕豪猪（Hystrix cristata）的结构细节，1630—1640年

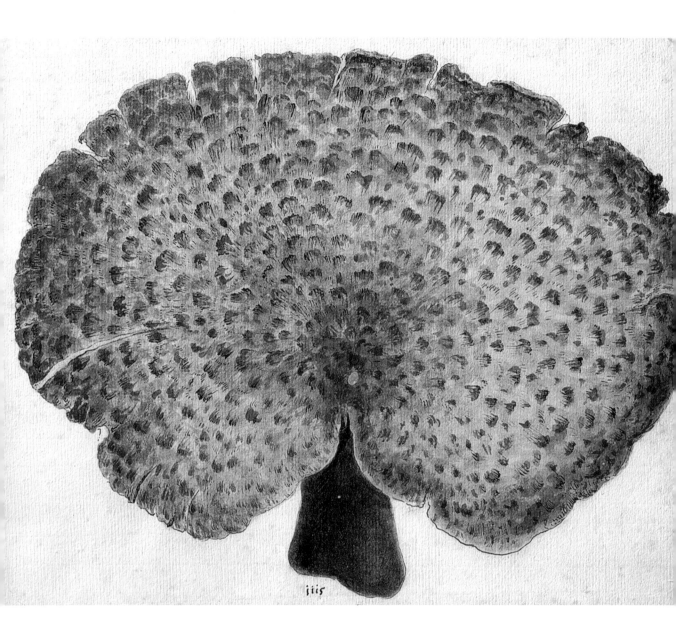

印刷图29 宽鳞多孔菌（Polyporus squamosus），俯视角，约1650年

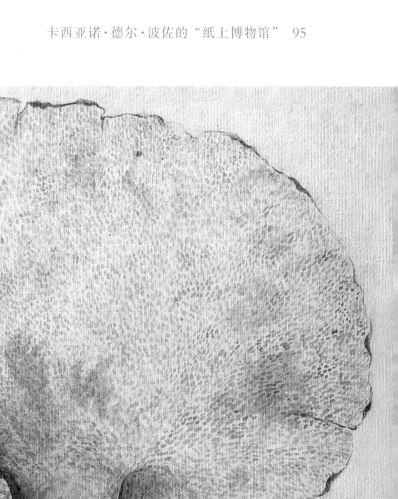

印刷图30 宽鳞多孔菌（Polyporus squamosus），仰视角，约1650年

印刷图31（P97）　江珧蛤，1630—1640年

例子，至少有四幅鱼的图画是基于近一个世纪前的画绘制的，也就是为伊波利托·萨维阿尼（Ippolito Salviani）1554年的《鱼的自然史》所制的画。

1662年，菲利普·斯奇彭（Philip Skippon）参观在卡西亚诺死后举办的德尔·波佐藏品展时，在众多图画中看到了一幅"萨维阿尼的鱼对现实的影响"，还有一幅画的是"一头被带到罗马鱼市场的海豚，背部中央有一个鳍，鳃下有一对鳍，还有稍长的口鼻部、宽嘴、分叉的尾巴，以及尖利牙齿的武装"（印刷图25）。海豚在意大利沿海水域很常见，在卡西亚诺时代，人们认为它们是鱼类，而非哺乳类动物。斯奇彭继续记录道，他看到的画"绘制得十分精确，清晰地画出了动物的头部、腿部和其他部位"。关注身体结构细节确实是卡西亚诺图作的一个显著特征：虽然整个动物标本会缩小比例，以契合图纸大小，但一些细节，如鹳的头、腿和羽毛（印刷图26和27），豪猪的掌、爪、耳朵和刺，都画成现实中的大小。

同一种标本也可能通过不同角度来展示，比如一种被称为"树妖鞍座"（dryad's saddle）的檐状菌有俯视图和仰视图（印刷图29和30）；江珧蛤（noble pen shell）有闭合和张开形态（印刷图31），展示了它的内部结构，包括可以编织成一种漂亮金色纺织品的纤维线。植物学和真菌学的研究展现了生长的不同阶段：百合从花至果实的转变，红笼头菌（red cage fungus）从未开伞早期阶段到完全开伞子实体阶段的成熟过程；水果通常画成横截面或块段，比如柚子（印刷图19）和一只畸形瓜（印刷图32）。

这种畸形标本也是当时珍奇室的一个突出特征。"纸上博物馆"的16世纪前辈们所藏物品中，最著名的是博洛尼亚的乌利塞·阿尔德罗万迪和苏黎世的康拉德·格斯纳的百科全书式收藏（见第17至19页）。英国科学家、哲学家弗朗西斯·培根（Francis Bacon）的作品因其在"所有科学领域的思想进步"而受到卡西亚诺极大赞赏。（"要不是他生活在英格兰，"卡西亚诺在给猞猁学社同事的信中写道，"我一定想方设法让他成为我们中的一员。"）

Lat. Pinna clausa.
Romę Trombone di mare

Pinna eadem aperta

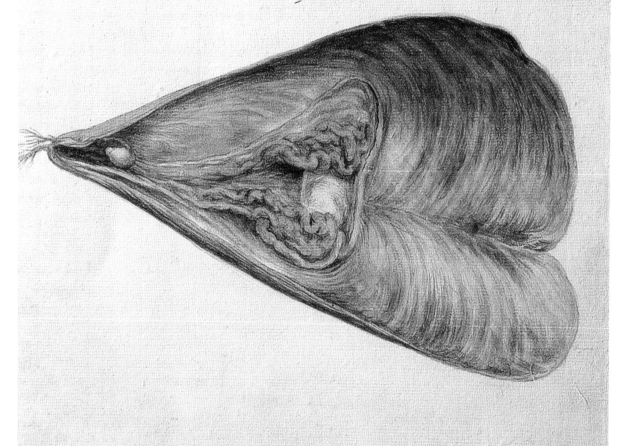

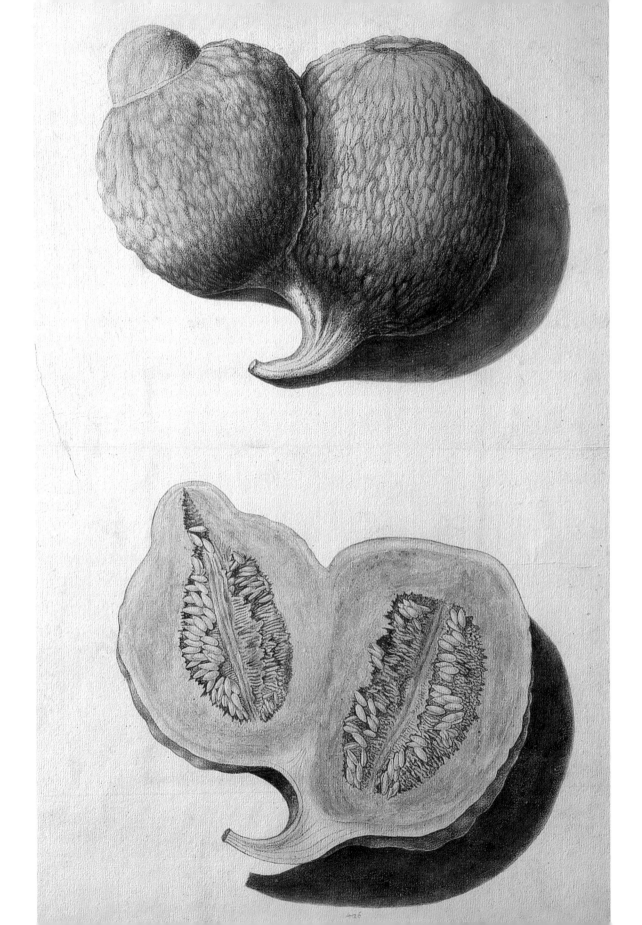

图30
欧洲双头蛇
弗朗西斯科·埃尔南德斯（Francisco Hernández）的《墨西哥宝典》（*Rerum medicarum Novae Hispaniae thesaurus*）中，约翰内斯·法布尔关于墨西哥动物论文的插图，1651年

培根曾敦促自然哲学家去收集"背离常规的例子，比如自然界中的失误，或者自然中偏离正常成长过程的一些古怪、骇人的物体"。

　　卡西亚诺藏品中有幅双头蛇的图画，由普林尼（Pliny）所绘，成为了法布尔一幅木刻版画（图30）的灵感来源。法布尔曾写道："就在我开始相信双头蛇可能是神话和寓言里的东西而非现实之物的时候，卡西亚诺·德尔·波佐骑士，我们猞猁学社的成员之一，向我展示了一幅有着恰如其分的色彩和最真实形象的双头蛇绘画。"卡西亚诺没有特别专注于异国、稀有或怪诞的东西，但他确实对畸形很有兴趣。"我们常常对人类中的怪物感到恐惧，但我们喜欢畸形的水果"，法拉利在《金苹果园》中写道。该书多幅插图都基于卡西亚诺的畸形柑橘画绘制而成，如多指的柠檬（印刷图20）。这些畸形主要是由螨虫对花蕾的作用造成的，但法拉利编撰了一首详尽的叙事诗，讲了一个神话中的青年变成柑橘树的悲剧，来解释"指头"为何出现。

印刷图32（P98）　变形的甜瓜（Cucumis melo），1630—1640年

印刷图33（P100）　宝石、石头和护身符，约1630年

印刷图34（P101）　水果、种子和豆类，约1630年

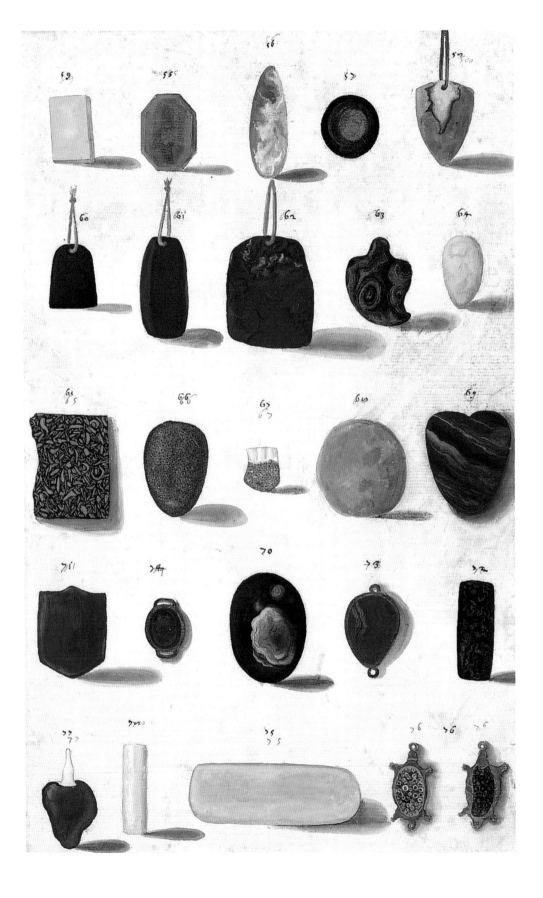

49

印刷图35（P102）　南欧芍药（Paeonia mascula），以及药用芍药（Paeonia officinalis）的根部，1610—1620年

印刷图36　意大利变种甘蓝（Brassica oleracea，var.italica），约1650年

印刷图33的细节

还有种典型的组合是宝石、矿物和次宝石的大集合，如印刷图33描绘的那样。这是一组图的其中一张，标本引人注目的排列阵式就是它们在藏品中的存储方式。据说这张图纸上描绘的大多数玛瑙、碧玉和青玉都具有神奇的疗效；另一些则因稀有或者来自异国（比如第一排56号绿白色的青玉，可能来自中国），以及药理性能而备受珍视。中间左侧的65号阿布尔石（Abur stone）来自拉贾斯坦邦（Rajasthan），是切西的地质学藏品中已鉴定出品种的其中一枚。

来自非洲、亚洲和美洲的异国水果、种子和豆类——包括第一排的热带酒椰（raphia palm）种子——都在印刷图34中，以类似的阵式排列了出来。猞猁学社的学员同大多数欧洲人一样，对每天听闻或者从美洲进口过来、不断增加的未知种类物种都充满兴趣。在1626年的西班牙，卡西亚诺从红衣主教巴贝里尼处获赠了一本《阿兹特克草药》复印本，后来又和猞猁学社的同事们一起，花了很多年编辑一本巨著，那就是菲利普二世（Philip II）的医师弗朗西斯科·埃尔南德斯对墨西哥动植物的研究之作《墨西哥宝典》。1520年至1577年，埃尔南德斯他们去美洲进行的探险，逐渐动摇了从前的学者在博物学方面建立的权威性，尤其是莱昂纳多·达·芬奇时代的一些主流观点。为了描绘数百种前人未曾画过的植物和动物，埃尔南德斯等人开辟了一条"新科学"之路，特点就是系统性质疑，并以实验调查和感官验证为新重点。这一进步的重要之处在于，像专门收集自然标本藏品的卡西亚诺和猞猁学社（自然博物馆的前身）成员，都试图通过视觉描绘来归类整个自然世界。

卡西亚诺的博物学图画通常都标有小小的油墨数字印，但准确功能依然未知。同一标本的不同角度视图一般使用同一个数字；但也有可能连续编号，如宽鳞多孔菌的印刷图29和30，编为1115号和1116号。有时也会在一组展示宝石、石头、矿物和化石标本的图中跳号，比如印刷图33，同一图纸上的不同标本有时标有相同数字。人们推测，这些数字可能是为了对应藏品库存的丢失与否，而不是一个总体的分类计划。

　　1657年卡西亚诺去世后，他的弟弟卡罗·安东尼奥（Carlo Antonio）继承了他的藏品，并继续添置。1703年，卡罗的孙子科西莫·安东尼奥·德尔·波佐（Cosimo Antonio dal Pozzo，1684—1740年）把德尔·波佐的部分物品出售给教皇克雷芒十一世（Pope Clement XI），其中就包括了"纸上博物馆"。1714年，教皇的侄子亚历山德罗·阿尔巴尼（Alessandro Albani）完成了收购，乔治三世又于1762年从其手中购买了大部分"纸上博物馆"，以及许多阿尔巴尼藏品中的图画。达蒂赞美这些"珍贵之书生动而清晰地记录了许多空中、地上和海里的动物，是最美丽的自然作品"，但其中很少有保存完整的；大部分都在拆分后，整合进皇家收藏的其他书目中，也有许多博物学绘画在20世纪初出售一空。尽管如此，卡西亚诺的"纸上博物馆"仍然呈现了一种最令人称许的实证调查新精神，改变了17世纪的博物学研究。

亚历山大·马歇尔

苏珊·欧文斯

"奇妙的微型花谱"

亚历山大·马歇尔（1620—1682年）的一生中，约有三十年的时间都在画他那本精美花谱。可能是从1650年前后开始，直至去世那天，他还在为花谱增添绘画。花谱中的159页展现了一个英国花园一年中的植物和花卉，从早春的红番花（crocuses）和贝母（fritillaries），到秋天的葫芦（gourds）和酸浆（Chinese lanterns）。花谱中大量的"植物肖像画"因其精致、准确和美丽而闻名于世。虽然17世纪欧洲大陆出现了许多手绘花谱，但马歇尔的这本似乎在同期英国艺术界无出其右者。

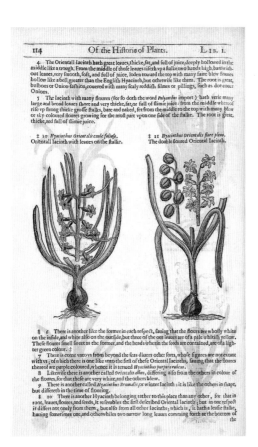

图31
风信子
出自约翰·杰拉德的《草本植物》（*Generall Historie of Plantes*），于1597年首次出版，1636年由托马斯·约翰逊（Thomas Johnson）扩充并修订

马歇尔生活的时代正是英格兰的植物种类迅猛增长时期。自16世纪末以来，来自世界各地尤其是近东的植物标本涌入英国，往往极具芳香又引人注目，郁金香、风信子、水仙、土耳其塔班花毛茛（turban ranunculi）、百合和壮丽的冠花贝母（crown imperial）。1570年，冠花贝母首次从土耳其引进一个欧洲花园，当它从鳞茎中冒出花朵时，引发了人们的惊异和愉悦。这些新奇的植物令大家热情高涨。17世纪30年代，以荷兰为中心，出现了所谓的"郁金香热"（tulipomania）。当时郁金香鳞茎非常珍贵，可以卖出高价。在这个变化飞快的时期，花园种植成为学者和收藏家精英们孜孜以求的业余爱好，他们把种植之物视作扩大版收藏品，也就是户外珍奇室。

牛津草药园（Oxford Physic Garden）是英国的第一个植物园，于1621年开放。同一时期间也建造了许多带正规大花园的大型庄园。17世纪初，赫特福德郡（Hertfordshire）哈特菲尔德庄园（Hatfield House）的花园里采购了一些新的外来物种，这里是第一任索尔兹伯里伯爵（Earl of Salisbury）罗伯

图32
风信子
出自巴西利厄斯·贝斯莱尔的
《艾希斯特的花园》（*Hortus Eystettensis*），1613年

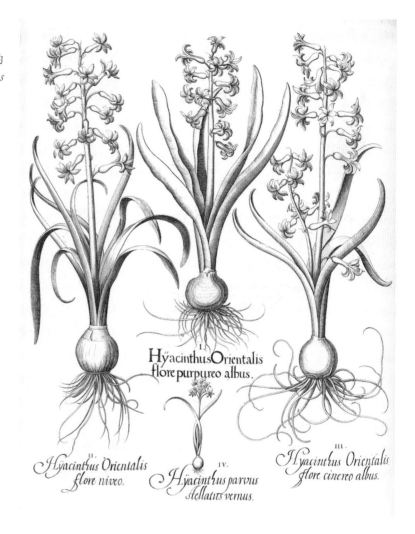

特·塞西尔（Robert Cecil）的住所；17世纪30年代，威尔特郡（Wiltshire）的威尔顿庄园（Wilton House）也购置了一些，这所庄园是为第四任彭布罗克伯爵（Earl of Pembroke）菲利普·西德尼（Philip Sidney）所设计的。安德鲁·马维尔（Andrew Marvell）在1650—1652年所作的诗歌《割草机与花园》（*The Mower, Against Gardens*）中讽刺了对新奇植物广泛的热情和深入的沉溺。诗中，叙述者不动声色地观察："穿过新海洋，觅得秘鲁的奇迹——紫茉莉[1]。"但这种新态度对自然世界的研究、排序和归类产生了很大作用。

---

1 原文为"To find the Marvel of Peru"，紫茉莉的英文直译就是秘鲁的奇迹，诗人在此暗讽下海探险所寻得的新世界奇迹就是些花花草草。

图33
约翰·帕金森（John Parkinson）《园艺大要》（*Paradisi in sole: paradisus terrestris*）的题图，1629年

作为一本致力于描绘美丽花朵的作品，马歇尔的花谱属于这博物学绘画和充满活力的花园文化并行发展的新时代。从前的植物绘画大多局限于草本植物，用粗糙的木刻版画印刷在文字的同一页上（图31）。17世纪早期，当人们培育植物越来越多是为了审美需求，而不是为了药用价值时，植物艺术作品开始用美学而非图解般的方式来呈现花卉，反映出当时这种普遍氛围。植物的图画开始比文本占据更多版面，通常都有了单独页面。能体现更多细节的蚀刻和雕刻，开始取代木刻版画。

巴西利厄斯·贝斯莱尔（1561—1629年）的《艾希斯特的花园》是复杂精妙的新型印刷书籍之一，于1613年在纽伦堡出版，有巨大的两卷。至少六位不同的版画匠刻出三百七十四幅技艺高超的版画，描绘了艾希斯塔特主教（Bishop of Eichstatt）约翰·康拉德·冯·格明根的著名花园内种植的植物（图32）。1629年，药剂师、园艺家约翰·帕金森（1567—1650年）在伦敦出版了一本重要的园艺专著《园艺大要》，这个双关书名还可以译为"帕金森的地上天堂"，副标题是"一个种满宜人花卉的花园……"（图33）。这是第一本专注于花卉之美而非药用价值的英文书籍。实际上，在帕金森还潜心研究植物药用特性的后期，于

印刷图37（P111）　酸橙（Citrus aurantium）、荷兰番红花（Crocus Vernus）、游蛇（Natrix natrix）和芳香木蠹蛾（Cossus cossus）的毛虫，1650—1682年

印刷图38　荷兰番红花、南俄郁香（Crocus susianus）、苔类植物（liverwort）、雪割草（Hepatica nobilis）、冠状银莲花（Anemone coronaria）和松鸦（Garrulus glandarius），1650—1682年

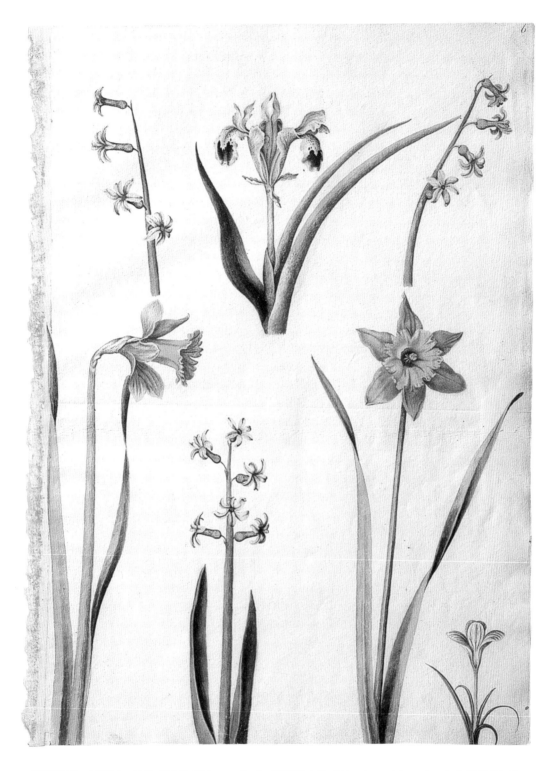

印刷图39　风信子、波斯鸢尾花（Iris persica）、西班牙水仙（Narcissus hispanicus）和荷兰番红花，
1650—1682年

印刷图40　半花水仙（Narcissus radiiflorus）、冠花贝母、红口水仙（Narcissus poeticus）和耳状报春花（Primula × pubescens），1650—1682年

1640年出版了《植物剧场》（*Theatrum Botanicum*）。书中，他沮丧地写道："我从一个有着宜人花朵的天堂，（如亚当般）堕落至一个唯利是图的草药和植物的世界……"

　　马歇尔的花谱与这本书的大部分作品一样，不为科学探索，而纯为消遣娱乐。他也从未打算出版或出售，而更乐于在私下里向朋友和熟人展示。马歇尔称，有人愿意出三百块黄金购买，但他没有同意。尽管如此，这本花谱描绘了植物进口数量渐增的当时，园艺学方面取得的巨大成功，同时也画下了柳兰（rosebay willow herb）和心安草（heart's ease）等本土植物。这些植物绘画中有当时最时兴、最有异域风情的花——冠花贝母、耳状报春花、风信子、碎色郁金香和紫茉莉，都是当时英国花园里的品种。

　　我们对马歇尔的生活知之甚少，他的出生日期也未曾记录。但他不仅是一名画家，也因大量的昆虫、鸟类标本藏品，以及园艺方面的专业知识而闻名于世。马歇尔与当时最著名的园艺家相熟，包括小约翰·特雷德斯坎特（John Tradescant）、亨利·康普顿（Henry Compton）、伦敦主教（Bishop of London）和约翰·伊夫林（John Evelyn）。教育家、普鲁士流亡者塞缪尔·哈特利布（Samuel Hartlib）在日记中形容马歇尔为"伟大的花匠之一"，也写到他经销来自印度等地的根茎、植物和种子。哈特利布还记录道，马歇尔是一名"专业商人"，他"曾在法国旅居多年，法语说得几乎完美"，这段时期似乎与他年轻时的经历相吻合。

印刷图41　耳状报春花，1650—1682年

印刷图42　郁金香，1650—1682年

印刷图43（P119） 黑花鸢尾（Iris susiana）、石蚕叶婆婆纳（Veronica chamaedrys）、宽翅蜻蜓（Libellula depressa）、塔斑花毛茛（turban ranunculus）、花毛茛（Ranunculus asiaticus）、肉蝇（可能是尸食性麻蝇，Sarcophaga carnaria）、紫花蜡花（Cerinthe major）和巨根老鹳草（Geranium macrorrhizum），1650—1682年

马歇尔的侄孙，同时也是最终继承人的威廉·弗赖恩德（William Friend）曾记录，马歇尔是一位"拥有独立财产，可以只为消遣而画"的绅士。在马歇尔的时代里，他作为一名艺术家为众人所周知且备受尊重，这点从威廉·桑德森爵士的专著《绘图》的结论中可以看出：他是"我们的现代艺术大师之一，能与当今海外的任何一位大师比肩"，确切来说，他是一位描绘自然世界的专家，"我们拥有马歇尔即拥有了花卉和水果"。

印刷图49的细节

有关马歇尔生平的记载最早可追溯至1641年，当时他似乎住在小约翰·特雷德斯坎特（1608—1662年）位于伦敦南朗伯斯区（South Lambeth）的庄园里。老约翰·特雷德斯坎特（1570—1638年）和他的儿子是著名的收藏家、园艺家和植物收集者，为英格兰引进了大量新种类的植物。他们的庄园有"特雷德斯坎特方舟"之称，成了第一个对公众开放的英国博物馆，特雷德斯坎特家巨大的珍奇室最终成了牛津阿什莫尔博物馆（Ashmolean Museum）的藏品基础。有位访客评述道，这座庄园几乎能让"一个人花一天在一个地方看到的珍奇之物，多过他旅行一生所能看到的"。在与小特雷德斯坎特同住期间，马歇尔在羊皮纸上创作了一本花谱（已遗失），描绘了"南朗伯斯花园中生长的形形色色古怪花草"。

. asiaticus flore
multiplici,
...nibos.

印刷图44 德国鸢尾（Iris germanica）、蒙彼利埃毛茛（Ranunculus monspeliacus）、塔班花毛茛和蓝铃花
（Hyacinthioides non-scripta），1650—1682年

印刷图45　野芍药（Paeonia mascula）、塔班花毛茛、郁金香和药用芍药（Paeonia officinalis），1650—1682年

印刷图46　法国蔷薇（Rosa gallica）、蔷薇属（Rosa sp.）、蓝花琉璃繁缕（Anagallis monelli）、突厥蔷薇（Rosa damascena）、沼泽勿忘草（Myosotis scorpioides）和黄蔷薇（Rosa foetida），1650—1682年

印刷图47　圆盾状忍冬（Lonicera periclymenum）、非洲灰鹦鹉（Psittacus erithacus）、蓝花羽扇豆（Lupinus hirsutus）、浆果金丝桃（Hypericum androsaemum）、鬃毛吼猴（Alouatta palliat）、绿蝇属（Lucilia sp.）、绿朱草（Pentaglottis sempervirens）和欧洲深山锹形虫（Lucanus cervus），1650—1682年

　　"方舟"藏品的目录名为《特雷德斯坎特博物馆》（*Musaeum Tradescantianum*），由小特雷德斯坎特在1656年出版，包含了有关"《特雷德斯坎特的优选花卉和植物》（*MR. TRADESCANT'S choicest Flowers and Plants*）一书，由阿莱克斯·马歇尔先生精妙地绘于羊皮纸上"等内容。马歇尔于1650年完成这部作品的绘制工作。哈特利布（Hartlib）在一本摘录簿中记录道："约翰·特雷德斯坎特有一本（马歇尔画的）书，栩栩如生地呈现了他拥有的（也就是他花园里的）大部分东西"。马歇尔也画了特雷德斯坎特藏品里的许多昆虫。其中一页图纸如今保存于费城自然科学院（Philadelphia）自然科学院的一本集册中，页面上有题词写道，"今天我画的是约翰·特雷德斯坎特珍奇室中的一只蝴蝶，他告诉我，这是他在弗吉尼亚抓到的……"（图34）。

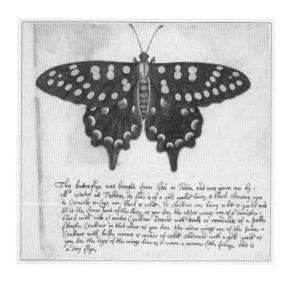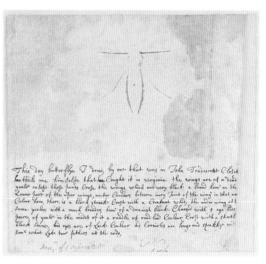

图34
亚历山大·马歇尔
左：噬药凤蝶对蝶（Papilio antenor）和笔记，约1650年
右：一只种类不明蝴蝶的笔记，约1650年

印刷图48（P124）　向日葵（Helianthus annuus）和格雷伊猎犬（Canis familiaris），1650—1682年

虽然马歇尔的集册里大部分都画的是花卉，但他似乎也无法抗拒地不时画些特别喜欢的动物。

他专门收集昆虫。来自世界各地的旅行者们为他带来收藏标本，其中有些的确令人惊叹。但他选择在集册中描绘的都是英国的品种，外表朴素。他在这页上展示了凤蝶的毛虫正在食用最喜欢的茴香，在变成有翅膀的成虫前，它会变成更加黯淡的蛹。他没有画出成虫，也许比起死去的标本，他更喜欢画活物。

蓝黄金刚鹦鹉（blue and yellow macaw）肯定是他的宠物，还有格雷伊猎犬也是。他描绘的蜻蜓应该也是活物。那是只蓝晏蜓（southern hawker），如今在英格兰南部也常能见到。它和所有蜻蜓一样，常常伸展着薄纱似的翅膀栖息在某处，仿佛有人在画它的肖像画。它通常都会飞回停留地，因为它在捕捉蚊子和其他小昆虫时会绕圈飞行。因此对马歇尔来说，在某个定点重复观察这种生物并非难事。

另一方面，这只不明品种的鸟姿势古怪，更像是某个珍奇室中的已死标本；而从颜色来看，那只龙虾肯定已经煮熟了。

D. A.

印刷图49（P127）　蓝黄金刚鹦鹉、蓝晏蜓、胡蜂科、不明种类的鸟类、金凤蝶的毛虫和蛹、白爪小龙虾（Austropotamobius pallipes）、格雷伊猎犬、常春藤叶仙客来的叶子，以及枯叶蛾（Lasiocampa quercus）幼虫，1650—1682年

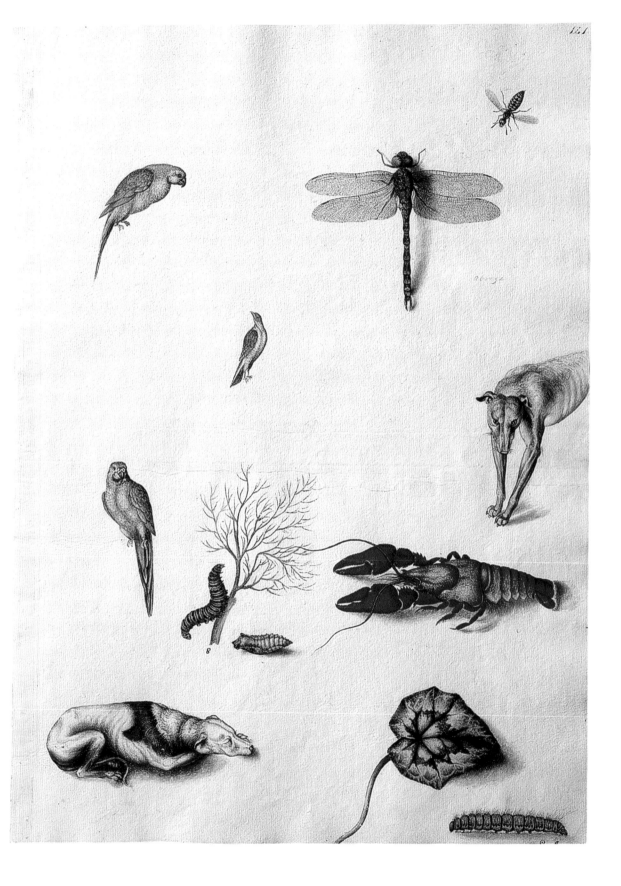

马歇尔似乎于1653年完成了花谱中的重要部分。哈特利布记录道，这部分是"对他自己的植物园的图绘"，但他画的很多植物都包含在《特雷德斯坎特博物馆》的目录中，很有可能也利用了特雷德斯坎特花园里的"模特们"。此时，他已在伦敦西边的汉姆（Ham）住了一段时间后，搬去了伊斯林顿（Islington），那里有套他租住的房子和花园。他还曾在林肯律师学院广场（Lincoln's Inn Fields）附近有所住处。有记录显示，马歇尔在此期间参与了植物进口的事务，受北安普敦伯爵（Earl of Northampton）所雇，在他阿什比堡（Castle Ashby）或者伊斯林顿的卡农贝利庄园（Canonbury Manor）花园里工作。17世纪五六十年代，马歇尔还创作了许多绘画，通常都是对其他画家作品的临摹。但他的花卉研究作品，包括那幅精美的"代尔夫特罐子中的花"（图35），显然是直接观察的成果。

马歇尔另一位伟大的园艺家朋友是亨利·康普顿（1632—1713年），他也是北安普敦伯爵的弟弟。1667年，马歇尔搬出伦敦，前往温彻斯特外的圣十字医院（Hospital of St Cross）担任管事，而康普顿是该医院的院长。不久后，康普顿就被任命为牛津基督教堂的咏礼司铎；1674年他成为牛津主教，1675年又成为伦敦主教，住进了富勒姆宫（Fulham Palace）。与此同时，马歇尔返回伦敦，加入康普顿的教宗府，1678年结婚后，仍继续从事这份工作。

康普顿主教为富勒姆宫的花园尽心尽力，有记载道，他的"温室和花园里有一千多种异国植物，尤其温室里种植了许多从前的人们觉得太过脆弱、挨不过冬季气候的植物"，还说"一年里有几天，其实是他在亲自指挥管理花园里树木和植物的移除、更换工作"。康普顿与欧洲、美国的许多植物学家保持联系，也正是通过他们，康普顿为英格兰引进了许多之前不为人知的植物。在海外任职的牧师也会帮助他，寄给他种子，有时还会同意帮马

印刷图50（P128） 爬着七星瓢虫（Coccinella septempunctata）的粉色西番莲（Passiflora incarnata）、不知名蛾类或蝶类的幼虫、秋水仙（autumn crocus）、斑纹秋水仙（Colchicum variegatum）、常春藤叶仙客来的叶子、含羞草（Mimosa pudica）、不知名蛾类的幼虫，以及鳃角金龟（Melolontha melolontha）的幼虫，1650—1682年

图35
亚历山大·马歇尔
代尔夫特罐子里的花，约1663年

歇尔收集昆虫标本。马歇尔的花谱里，有许多生长在康普顿花园的植物。马歇尔在对开本的146页（印刷图52）上描绘了一株姜，他手写记录道，"长在富勒姆的姜的真实模样"。

多年间，马歇尔显然不断在丰富花谱。约翰·伊夫林（John Evelyn）是修复园艺学的中心人物，也是1664年出版的《森林志》（*Sylva, or a Discourse on Forest*）的作者。1682年8月1日，他在日记中写道："最后到富勒姆去拜访伦敦主教，重温了马歇尔先生对那本微缩花卉、昆虫珍品之书的补充部分。"

马歇尔几乎在花谱的每页背后都手写注解，记录所描绘花朵或生物的名称，偶尔也会写下来源，这些信息都证实了马歇尔在植物标本的提供、置换和交易方面广泛的朋友和同事圈。他有幅柯勒西百合（Guernsey lily）的画，可能是最早的花卉图，画旁写道，"1659年8月29日，兰伯特将军（Generall Lambert）从温布顿（Wimbleton）寄给我"。兰伯特是英国内战时的议会党将军，1657年与克伦威尔（Cromwell）发生争吵后，退休回归心爱的花园。他对郁金香的热爱成了人们的笑柄，当时有位诗人讽刺他为"金色郁金香骑士"。

马歇尔花谱的最大魅力是用不同的方法进行组合，来说明每种植物的个体特性。耳状报春花那页（印刷图41）上，植物整齐排列，每棵都占据页面上一块独立空间，引发了后来耳状报春花"剧院"的流行之风——植物都摆在一块画屏前的一系列台面上。

印刷图41的细节

印刷图51（P133）　红嘴巨嘴鸟（Ramphastos tucanus）、石榴（Punica granatum）、灰鹤（Grus grus）、秋水仙、可能是圆掌舟蛾的幼虫（Phalera bucephala）、葡萄（Vitis vinifera）、五彩金刚鹦鹉（Ara macao）、白额长尾猴（Cercopithecus mona）、大果榛（Corylus maxima）或欧洲榛（Corylus avellana）、欧洲粉蝶（Pieris brassicae）的幼虫，以及林蛙（Rana temporaria），1650—1682年

从古希腊古罗马时代以来，某几种鹦鹉一直是欧洲人的宠物。它们会模仿人话，爬在笼子上的模样十分可爱，对食物的要求也不高，因此很受欢迎。公元前323年，亚历山大大帝手下的一个将军曾从印度战场带回过一只，似乎是红领绿鹦鹉（green ring-necked parakeet）；甚至在中世纪前，就有人把特别会模仿人类说话的灰鹦鹉从非洲引入了欧洲。马歇尔的集册里也有非洲灰鹦鹉的身姿，两处的姿态都精准且富有生气。

到16世纪中期，美洲的鹦鹉也来到了欧洲。从马歇尔的集册来看，他似乎已经知道，甚至可能拥有了两种最华丽的鹦鹉，五彩金刚鹦鹉（在图纸背面）和蓝黄金刚鹦鹉，后者在某一页上出现了两次（印刷图49）。这两种鹦鹉都广泛分布于南美洲，从北部的巴拿马至南部的巴西。在马歇尔的时代，常可以在沿海低地森林里看到它们，欧洲海员捕捉起来十分容易。它们也很结实，靠坚果和种子之类长途旅行中方便贮存的食物就能存活。因此，在欧洲探索新大陆的几年内，鹦鹉就成了珍贵而华丽的宠物。

巨嘴鸟也是南美洲的鸟类。马歇尔展示了一只相当忧郁的巨嘴鸟，可能画这幅画时，它状态不佳，因为这种伏首前倾的姿势不是这种鸟类的特征。它们极易驯服，会绕着餐桌跳跃，小口喝玻璃杯里的水，从餐盘中取食。他们的食物主要是水果，会用巨喙的尖端巧妙地叼起樱桃之类的小块食物，抛向空中，然后用喉咙接住。但这种亲切有趣的行为并不能完全代表巨嘴鸟的本性。它们也食肉，会用同样的激情从其他鸟类的巢中捉出幼鸟。

D.A.

印刷图52　尖椒（Capsicum frutescens）、辣椒（Capsicum annuum）、姜（Zingiber officinalis）和粉萼鼠尾草（Salvia horminum），1675—1682年

印刷图53　雁来红（Amaranthus tricolor）和瓠瓜（Lagenaria siceraria），1650—1682年

也有完全不讲究秩序的情况。马歇尔笔下的西番莲（印刷图50）洋溢着异国风情，几乎飞离页面，下面有株不起眼的植物恰如其分地待在简朴的陶罐中。有些组合具有惊人的戏剧效果，例如印刷图38，一只死去的松鸦躺在页面底部，挡住了精致的红番花，以一种错视画（trompe-l'oeil）的方式进行处理，与上面没有影子的花卉形成了对比。

还有些页面上的微缩图也包括鸟、狗等生物，可能只是他的思维游戏（jeux d'esprit）。印刷图48里，一头格雷伊猎犬看上去正躲在一株花瓣异常卷曲的巨大向日葵下；印刷图47的下方角落里，鬃毛吼猴的外表看起来很奇怪。

印刷图52的细节

整本花谱中出现了不少于三十八种昆虫。他无愧于一名闻名遐迩的昆虫收藏家，笔下的昆虫比其他动物更精致，也更准确（特别是印刷图49里绝妙的蜻蜓）。

1662年的《玻璃艺术》（*The Art of Glass*）中记载道，克里斯托弗·梅里特（Christopher Merret）医师写信给马歇尔："我认识一位心灵手巧的绅士，用尽世间色彩去描绘植物，他画了许许多多各种各样最美丽的花朵，画出了现实生活中准确而真实的色彩。"花谱中的色彩至今仍无比鲜艳明亮。马歇尔从"花朵、浆果、树胶或者根"中提取颜料，创作他的试验画。他谈及，"寻找色彩花费了很多时间"，还准确地预测到，花谱上的色彩"会在百年后依然鲜艳"。

　　1682年12月，马歇尔在富勒姆宫去世。1711年，他妻子也去世后，他的花谱和其他作品都留给他们最大的侄子，也就是威斯敏斯特学校（Westminster School）的校长罗伯特·弗雷德（Robert Freind）博士，再后来就成了罗伯特的儿子威廉·弗雷德（William Freind）博士的财产。威廉也去世后，花谱经韦先生（Mr Way）之手，离开马歇尔家，卖了出去。1818年，罗斯·唐纳利（Ross Donnelly）在布鲁塞尔购买了花谱，并送给朋友约翰·曼格斯（John Mangles）。曼格斯把花谱重新分成了两卷，呈给乔治四世，但这份礼物赠送的日期和具体情况没有记录下来。此后，花谱一直处于零散的状态。

　　富勒姆教区教堂里，原来有座马歇尔的墓碑，1880年教堂重建时拆除了。那座墓碑上的铭文里有这么一句话：“他没有后嗣，但因他的正直和天赋，他将在上天赐予的生命之外，继续活在我们心中。”

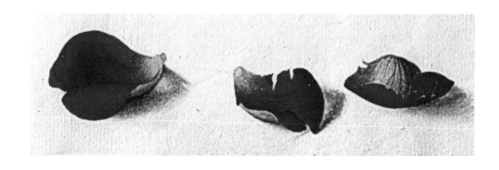

玛丽亚·西比拉·梅里安

苏珊·欧文斯

"勤勉、优雅和勇气"

　　玛丽亚·西比拉·梅里安（1647—1717年）既是一位优秀的艺术家，又是出色的博物学家。1699—1701年，她前往荷兰在南美的苏里南殖民地，进行了开拓性的探险。她在那里研究当地乡间的昆虫，成果就是1705年出版的壮观巨作《苏里南的昆虫变态》（*Metamorphosis insectorum Surinamensium*）。这册书是大象对开本，由六十个雕刻版画组成，与文本注释一起，展示了蝴蝶等昆虫的生命周期，是当时重要的博物学作品之一，也是第一本致力于研究苏里南地区的科学著作。皇家收藏保存的九十五幅牛皮纸水彩画中，有六十幅是昆虫变态相关的印刷版画。其余三十五幅是描绘花卉、水果、鸟类、昆虫的静物画，可以追溯至她绘画生涯的不同阶段。玛丽亚·西比拉（图36）成长于法兰克福，父亲是马特乌斯·梅里安（Matthäus Merian），一名成功的雕刻家、版画家和地形学画家，母亲是马特乌斯的第二任妻子。马特乌斯死后，这位遗孀嫁给了荷兰花卉画家、教师雅各布·马雷尔（Jacob Marrell，1614—1681年）。梅里安从小生活在艺术和自然研究的氛围中，着迷于昆虫学。据她多年后的日志记载，她从1660年就开始研究苍蝇、蜘蛛和毛虫，那时她只有十三岁。

图36
乔治·葛塞尔（Georg Gsell）与雅各布斯·霍伯埃肯（Jacobus Houbraken）先后所画
玛丽亚·西比拉·梅里安的肖像，1717年

　　1665年，梅里安嫁给了约翰·格拉夫（Johann Graff），是她继父的一个学生。1670年，他们搬去了她丈夫的故乡纽伦堡。五年后，梅里安出版了第一本书，《第一束花》（*Florum fasciculus primus*），并于1677和1680年补充了两部分内容。1680年，这些内容以

《新花卉图鉴》（*Neues Blumenbuch*）为德语书名合并出版。《图鉴》本质上是一本样品簿，旨在提供些刺绣图案的样本，描绘的花卉有些生长在土中，还有些则画成花环和花束的样子。

梅里安的第一部科学著作就是《蠋书》（*Raupenbuch*），全名是《毛毛虫的华丽蜕变及其奇特的寄主植物》（*Der Raupen wunderbare Verwandelung und sonderbare Blumennahrung*），是与《新花卉图鉴》同期的研究成果，也是昆虫变态学的重要先驱作品。《蠋书》前两卷分别于1679年和1683年出版，第三卷在她去世后于1717年在阿姆斯特丹出版。每卷都包含五十幅印刷图，描绘了待在自然栖息地里的毛虫、蛹、蝴蝶和飞蛾，展示了多年观察的成果。她在引言中形容这是项研究："在这项研究中，尝试了种新创意，作者勉力考察毛虫、幼虫、蝴蝶和飞蛾等生物的起源、食物和变态，简要描述，并照实画下，刻在铜板上，进行印刷。"

1681年，梅里安的继父去世，她之后在法兰克福的家中住了很长时间。在此期间，她与丈夫离婚。1685年，梅里安同丧偶的母亲还有自己的两个女儿一起，搬去了西弗里斯兰省（West Friesland）魏窝特（Wieuwerd）附近的窝泰城堡（Schloss Waltha）。她的大女儿是约翰娜·海伦娜（Johanna Helena），出生于1668年，十年后出生的小女儿名为多萝西娅·玛丽亚（Dorothea Maria）。她们搬家是为了加入梅里安同父异母的哥哥卡斯帕（Caspar）所在的拉巴迪派（Labadist）教会组织。窝泰城堡归范·所米尔斯迪吉克（Van Sommelsdijk）家族所有，家族头领是苏里南地区的统治者，科内利斯·范艾尔森·凡·所米尔斯迪吉克（Cornelis van Aerssen van Sommelsdijk），追随让·德·拉巴迪（Jean de Labadie）的教义。拉巴迪是一位前耶稣会新教的法国改革家，鼓吹回归原始基督教。拉巴迪派教会在南美的北部沿海设有传教站，还在苏里南开拓了一片种植园。梅里安住在窝泰城堡的几年里，持续观察昆虫，在《昆虫变态》一书的序言中她提到，在弗里斯兰，她能够研究"那些荒野和沼地里特有的生物"。

除了拉巴迪教派和苏里南之间的联系外，还有一个推动梅里安去探险的因素出现于1691年。她母亲死后，她和两个女儿离开窝泰城堡，搬往阿姆斯特丹。当时在荷兰东印度

图37
安德里斯·凡·拜森（Andries van Buysen），一个博物学藏品珍奇室
桌子和右侧墙上的许多藏品都是昆虫学标本。
莱文内斯·文森特《自然奇迹》的首页插画，1706年

公司（Dutch East India Company）的努力下，阿姆斯特丹已经成为世界贸易中心，也是大量学术藏品聚集地，许多藏品都来自荷兰殖民地。一到那里，梅里安就得以前往一些阿姆斯特丹顶尖自然科学家的珍奇室，如她在《昆虫变态》引言里记录的那样，"我在荷兰惊奇地看到了从东印度群岛和西印度群岛带来的美妙生物"。她画的华丽吸蜜鹦鹉（ornate lory，印刷图68）是一种印度尼西亚的鸟类，但显然她是照着在阿姆斯特丹看到的标本画成的。在梅里安声称见过的众多藏品中，排在她心目中首列的是尼古拉斯·维特森博士（Dr Nicolaas Witsen）的藏品。维特森博士也是阿姆斯特丹有影响力的人之一，

既是市长，又是荷兰东印度公司的董事会成员。他的藏品十分多样化，包含文物、自然学和人种学的物件，以及动植物的绘画。

　　梅里安第二个提到的收藏家是弗雷德里克·鲁希奇（Frederick Ruysch），曾于1685年在阿姆斯特丹担任解剖学教授，拥有大量解剖学标本，摆在家里的五个房间内向人展示。梅里安还提及莱文内斯·文森特（Levinus Vincent），他的藏品同样向公众开放，包含许多保存在罐子里的蛇和蜥蜴，还有鸟类、贝壳、甲壳动物、珊瑚、甲虫和大量蝴蝶标本（图37）。这些是当时最伟大的博物学收藏品。尽管梅里安对收藏家珍奇室里的昆虫学标本充满兴趣，但正如她在《昆虫变态》的引言里回忆到的那样，她真正的兴趣在于"它们的起源和后续生长"。她意识到，只有通过田野工作，她才有机会研究活样本，并"进行更精确的调查研究"。因此在1699年，梅里安五十二岁时，她和小女儿多萝西娅一同乘船前往苏里南，以便能亲自研究当地的蝴蝶和蛾类。

图38
苏里南海岸的地图，约1710年

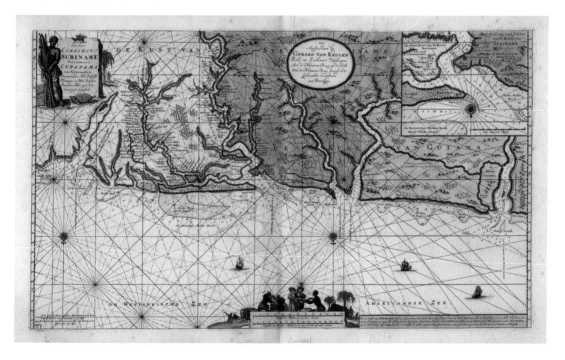

苏里南也称荷属圭亚那（图38），1667年起接受荷兰统治。后来统治者在当地重点经营甘蔗种植园，民法和刑法中都为他们提供了一些税收减让和权利方面的激励措施，他们甚至还得到了军事保护。拉巴迪教派成员对于殖民地的一手报道，无疑在梅里安前去苏里南之前给了她一些至关重要的实用信息。但毫无疑问，她绝对勇气可嘉。殖民地建立的时间相对而言较短，很多土地都没有耕种。此外，梅里安没有正式的赞助人，也没有人定期资助她的研究成果刊物，纯粹自觉自愿坚持了下去。梅里安发现殖民地的条件确实十分艰苦，她在1702年回国后所写的信中提及："……这地区的炎热令人难以承受，人们只能在巨大的艰难困苦中坚持工作。我几乎丢了性命，所以我不能再待下去了。所有人都对我能活下来感到讶异，因为大多数人都因炎热死在了那里……"

我们对梅里安在苏里南所经历之事的了解，主要来自她在《昆虫变态》引言里的介绍，和每张印刷图旁附带的文字描述。这些相当坦率、精辟的论述详细描述了她在苏里南的生活和搜寻昆虫的探险经历。她反复述说她在野外寻找昆虫和毛虫，把它们带回花园，喂叶子，画下来，等待它们结茧，观察变化。她还尝试走入"荒原"——这片地区的内陆——去寻找蝴蝶和植物。但她常常发现几乎无法穿过丛林，于是写道："（在我看来，）如果穿过去，你就能在森林里找到其他生物。但蓟和棘长得如此茂密，我不得不让我的奴隶拿着斧头走在前面，为我砍出一个开口，至少能继续前进。但即使这样也很难穿过去。"

梅里安还常常对荷兰殖民者对于该地区的无知感到沮丧。她是少数住在苏里南的欧洲人之一，并没有参与甘蔗种植。她说殖民者们"嘲笑我，因为我在这里找寻糖以外的东西"。她列出一些作物，包括樱桃、香草、无花果和葡萄。她认为，如果像她所说的那样，"这里居住的人们更勤劳些、更无私些"，那么就能靠种植这些作物赚钱。梅里安同其他博物学家间的疏离让她的任务更见艰难。有次她简单地提及："这株植物长在我苏里南的花园里，没人能告诉我它的名称和属性。"

印刷图54（P145）凤梨（Ananas comosus）上有澳洲大蠊（Periplaneta australasiae）和德国小蠊（Blatella germanica），1701—1705年

木薯（cassava）也叫作树薯（manioc），原产于南美洲。它的根至今仍是这片大陆大部分地区的主食，也被引入了许多其他热带地区，尤其是西非。梅里安记录道，这种食物的缺点是含有剧毒的汁液，具有氰化物成分，在烹饪前必须先去除。

这只飞蛾肯定是照着死去的标本画下来的，因为它的管状长嘴呈现出一种非常不自然的半伸直模样。

图中不同生物的大小比例显然不太正确。木薯叶能生长到近30厘米（12英寸）长，即使是斯芬克斯蛾（sphinx moth）的毛虫也无法长到这么大。另外，成年树蟒（Tree-boas）长达182厘米。也可以争论说梅里安画的是新生的小树蟒，但即便如此，它们也有30厘米长。

D. A.

印刷图55（P147）　木薯根上有烟草天蛾（Manduca rustica）、鸡蛋天蛾（Pseudosphinx tetrio）的毛虫和蛹，以及库氏树蟒（Corallus enhydris），1701—1705年

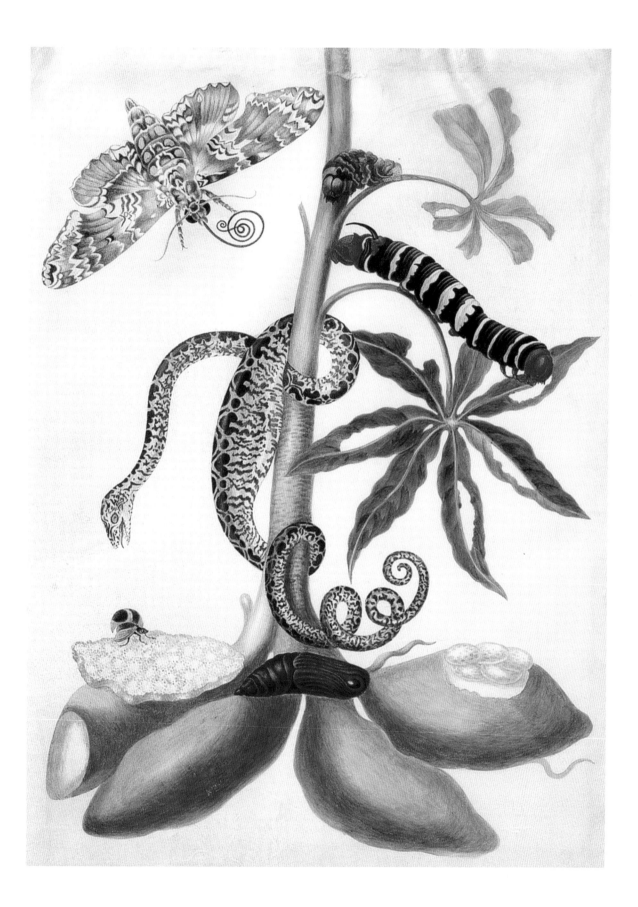

印刷图56（P149） 鸡冠刺桐（Erythrina fusca）树枝上有天蚕蛾（Arsenura armida）和蛹，1701—1705年

　　尽管气候造成了许多困难，也缺乏进入内陆的方法和可靠信息，但梅里安还是在她记录簿（图39）的小羊皮纸上，画下了大量细致而精美的水彩画，描绘她发现的昆虫，并附上相关笔记。如今这本簿册保存在圣彼得堡科学院（Academy of Sciences at St Petersburg）。她对自己在苏里南发现的生物表现出显而易见的喜悦与迷恋："有天，我游荡到很远的地方，走进了荒野……我把这条毛虫带回了家，它很快就变成了一个浅木色的蛹，和家里小枝上的那个蛹很像。两周后，到了1700年1月底，最漂亮的蝴蝶出现了，看起来就像是最优美的群青色、绿色和紫色覆盖在抛光银色上，难以言喻的美。这种美无法用画笔来呈现。"

图39
玛丽亚·西比拉·梅里安
天蚕蛾变态研究，1699—1701年

　　梅里安于1701年回到阿姆斯特丹，带回了笔记和研究外，还有许多保存完整的标本。她的藏品包括一条鳄鱼、各种各样的蛇，以及"二十个装有形形色色蝴蝶、甲虫、蜂鸟（和）萤火虫的圆盒"。她在1702年10月写信给朋友，纽伦堡的医生约翰·乔治·伏卡梅尔（Johann Georg Volckamer），详述了她的方法："我在苏里南的时候，绘画并描述幼虫、毛虫和它们的食物与习性。但没必要（在那儿）画下的所有东西，我都带过来了，比如蝴蝶和甲虫等可以浸泡在白兰地里。我可以说，现在所有描绘方式都和我在德国时一样，只不过现在所有东西都能用大开本的牛皮纸把动植物画得与现实尺寸一样大小。"

梅里安利用从苏里南带回的笔记、草图、干燥保存的标本，开始为她的伟大作品《苏里南的昆虫变态》设计六十幅印刷图。在她记录簿里的个人研究基础上，她把毛虫、蛹和飞蛾或蝴蝶以生命周期的场景画面，排在同一页上。梅里安在《蠋书》中把昆虫都置于她认为是昆虫食物的植物上。她的重点都是这些生物夺目而奇异的形态：梅里安与伏卡梅尔谈道，她在画"从前未曾见过的许许多多奇珍异宝"。

严格来说，温莎城堡收藏的一套六十幅《昆虫变态》作品，最初并非为此书设计的。它们很可能是此书出版前几年间制作的几套作品中的其中一套；汉斯·斯隆爵士（Sir Hans Sloane）购买了其中另外一套，目前保存于大英博物馆（British Museum）；还有一套的部分图画保存于圣彼得堡科学院。温莎版本的图纸上，水彩颜料涂在浅浅的蚀刻轮廓上，然后从刚刚印刷在纸上的印迹，把颜料反转打样到牛皮纸张上。蚀刻部分很可能是由梅里安自己完成的，主要局限于昆虫，自然也是最精细的部分；叶子和花朵大多都是手绘。梅里安可能把这些图集当作豪华版的《昆虫变态》水彩画。

图40
《苏里南的昆虫变态》的扉页，1705年

印刷图57（P150）　香蕉（Musa paradisiaca）树枝上有毛虫和马达加斯加牛蛾（Automeris liberia），1701—1705年

印刷图58（P153）　番石榴树（Psidium guineense）的树枝上有芭切叶蚁（Atta cephalotes）、行军蚁（Eciton sp.）、粉红脚蜘蛛（Avicularia avicularia）、白额高脚蛛（Heteropoda venatoria）和金喉红顶蜂鸟（Chrysolampis mosquitus），1701—1705年

　　这幅画中出现了两种不同的蚂蚁。图的上半部分出现的那种看起来肯定是切叶蚁，但大部分啃食过的叶子模样都不太真实。蚂蚁不会从叶子中间开始吃，叶边不可能像梅里安所画的那么完整。相反，蚂蚁会从外缘开始向内啃食，把叶子剪成凹凸不平的半圆形。梅里安的文中说道，工蚁不会自己吃掉叶子，这是对的；但她又说，工蚁要把叶子带回地下的蚁巢，供养幼蚁，这话并不全对。它们会把叶片带去地下巢室，由其他工蚁咀嚼后才喂给幼蚁。

　　梅里安在图片左下角描绘了另一种蚂蚁。

　　其中有些是长翅膀的成年蚁，这种蚂蚁拥有巨大上颚，比上述切叶蚁的还长。此外，图中显示这种蚂蚁袭击的不是树叶而是另一种昆虫，因此它们肯定是行军蚁。它们与切叶蚁不同，不会生活在巨大的地下巢穴中，而是在森林地面上长途行进以搜寻猎物，行进期间会占据一片临时营地。

　　梅里安在文中把这两种蚂蚁混为一谈，可能是因为它们都会在森林里已有的小路上，以长队的形式一起前进。

　　还有一点，梅里安似乎很少关注相对大小的问题。蜂鸟巢的直径几乎与附近蚂蚁一样长。

　　那只被蜘蛛（右下方）捉住的蜂鸟看起来是幻想产物。我不认为现实里有这种橙色头冠、黄色胸部的蜂鸟种类。

D. A.

图中最下方的昆虫是一种旗足虫（flag-legged bugs）。后腿上颜色鲜艳的凸缘具有什么功能尚未清楚，实际上也有可能会因种类而异。

有些旗足虫显然靠挥舞后腿来吓跑潜在的掠食者。还有些看起来把凸缘当作某种偏转装置有效利用起来，让攻击它们的鸟类啄到的是腿，而非更脆弱的头部或腹部。梅里安自己说道，这些腿一碰就掉，表明这才是这种虫类后腿凸缘的实际功能。

D. A.

印刷图59（P154）　樟叶西番莲（Passiflora laurifolia）和旗足虫，1701—1705年

印刷图60（P156）　葡萄枝和葡萄上有野藤天蛾（Eumorpha labruscae）的成虫、毛虫和蛹，1701—1075年

印刷图61（P157）　观赏甘薯（Ipomoea batatus）和鹦黄赫蕉（Heliconia psittacorum）1701—1705年

在这幅画中占据主要位置的昆虫俗称灯笼飞虫，因为有关这种昆虫的最早记载里提到，它们的管状长嘴会在黑暗中发出明亮的光。梅里安说，发出的光像蜡烛一般明亮，待在它旁边，光线都足够阅读文章了。

她甚至写了个十分生动的故事，像是她的亲身经历，有天晚上她打开了一个装了一大堆灯笼飞虫的盒子，顿时像冒出了一团火焰。这种昆虫的学名叫"提灯蜡蝉"（Fulgora），也是基于类似的记载，因为这个名字起源于拉丁文的"强光"（fulgor）。给这些昆虫起名的欧洲科学家研究的要么是已死去的标本，要么即使是活着也奄奄一息的标本，因为他们都没看过这种昆虫发出的壮观光芒。

印刷图62的细节

自那以后，再也没有人见过这种昆虫的光芒。

此外必须提及的是，没有人能对提灯蜡蝉头部巨大长条凹陷的功能给出令人信服的解释。有些种类的侧面斑纹看起来很像是微型鳄鱼的头部，还配有一排牙齿，更加深了神秘感。

D. A.

印刷图62（P158）　石榴树枝上有提灯蜡蝉和蝉（cicada），1701—1705年

凤眼蓝（water hyacinth）隆起的茎内充满空气，因此可以漂浮起来。也许是因为它的花是美丽的薰衣草紫色，人们把它从南美洲传输至其他热带地区。凤眼蓝在新地方生长得太过茂盛，会形成巨大的漂浮草垫，挡住了所有射向水下的光。因此它会给卡里巴（Kariba）等非洲湖泊带来一些物种均衡的问题。

巨田鳖是世界上巨大的昆虫之一，有些种类的长度可以达到11厘米（超过4英寸）。这里展示了一只抓住蛙类的巨田鳖，肯定是雄性，因为背上有4个小球。这些小球是雌性用防水胶质物粘在挣扎伴侣身上的卵。

它会在一个季节中产非常多的卵，因而需要好几个雄性的服务。如果它的伴侣已经背负了些卵，它会在粘另一波卵前，小心翼翼地移除掉空壳。

D. A.

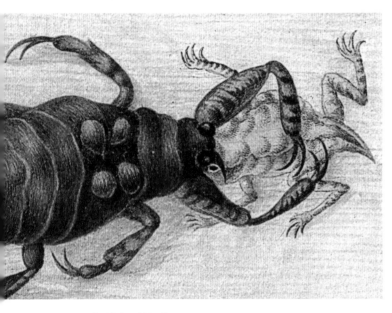

印刷图63的细节

印刷图63（P161）　凤眼蓝，毒雨蛙（Phrynohyas venulosa）和蝌蚪、蛙卵，巨田鳖（Lethocerus grandis），1701—1705年

这种蟾蜍的身体非常扁平，但它最特别之处是繁殖方式。雄性用前肢紧紧抓住雌性后腿前方的身体时，它们就开始交配。雌性排出卵，雄性授精后，把卵向前移至雌性背上，卵就粘住了。雌性排出六十个左右的卵后，雄性松开前肢，然后离开。雌性背部的皮肤膨胀起来，包裹住每一个卵。卵生长成蝌蚪，再变成小蟾蜍，最终破开包围着小小育婴室的皮肤，自行游走了。梅里安是首个描述并发表这奇怪而独特过程的欧洲人。

这种蟾蜍是在亚马孙河和奥里诺科河发现的淡水动物，为什么梅里安要把它和贝壳、海边植物画在一起，实在令人费解。

D. A.

印刷图64（P163） 海马齿（Sesuvium portulacastrum）和负子蟾（Pipa pipa），1701—1705年

印刷图65　红嘴巨嘴鸟（Ramphastos tucanus），1705—1710年

印刷图66（P165）　橡树红光蛇（Erythrolamprus aesculapii）、环纹猫眼蛇（Leptodeira annulata）、细趾蟾（*Leptodactylus* sp.）和虎腿猴蛙（Phyllomedusa tomopterna），1705—1710年

印刷图67　细趾蟾及它各个生长阶段的卵和蝌蚪，驴蹄草（Caltha palustris），1705—1710年

印刷图68　华丽吸蜜鹦鹉站在水蜜桃（Prunus persica）树枝上，1691—1699年

印刷图69（P168—169）　眼镜凯门鳄（Caiman crocodilus）和伪珊瑚蛇（Anilius scytale），1705—1710年

印刷图70　黑点双领蜥（Tupinambis nigropunctatus），1705—1710年

印刷图71　茎部束起的群花静物图，1705—1710年

印刷图72　水果和蓝背娇鹟（Chiroxiphia pareola）静物图，1705—1710年

　　《苏里南的昆虫变态》于1705年出版（图40）。它的目标群体是一个广阔的市场：序言里写道，献给"艺术爱好者"和"昆虫爱好者"，梅里安把它构想成一本既吸引业余人士又吸引自然学家的美丽而令人神往的书。梅里安去世后，《昆虫变态》又四次再版。其中还包含了另外十二幅印刷图，不但有更多蝴蝶，还描绘了苏里南的爬行动物、两栖动物和有袋动物，最华丽的一幅是与伪珊瑚蛇搏斗中的眼镜凯门鳄（印刷图69）。

　　梅里安的昆虫学家生涯建立在17世纪昆虫学研究的伟大发展上。一百多年前，随着乌利塞·阿尔德罗万迪于1602年出版先驱作品《昆虫类动物》（De animalibus insectis）——第一本系统化昆虫分类学的书，昆虫学就成了一门科学。梅里安在《昆虫变态》序言里提到了四位著名的17世纪昆虫学家的作品，包括约翰内斯·戈达尔特（Johannes Goedaert）和简·施旺麦丹（Jan Swammerdam）。戈达尔特的三卷《自然变态》（Metamorphosis naturalis，1662年、1665年和1669年）首次通过实证研究从卵至成虫的生长阶段，纠正了关于昆虫变态过程的相关知识。施旺麦丹的《普通昆虫志》（Historia insectorum generalis）于1699年在荷兰以《无血生物通论》（Algemeene verhandeling van de bloedeloose dierkens）为名出版，试图反驳昆虫自然形成的古老理论，试图证明生物通过变态过程而延续生命。因此梅里安绝不是第一个了解昆虫变态过程的人，也不是第一个采用实证方法研究昆虫学的人。但她的伟大创新，以及她的书对"艺术爱好者"和专家充满吸引力的原因在于，她展示了在自然环境中的昆虫，把它们和食用的植物摆在一起；而当时盛行的惯例是把毛虫、蛹和蛾或蝶以一种图表的方式，整齐地排成行，没有任何自然环境。

　　《昆虫变态》的套图与梅里安之前的作品很不相同，颜色和形式都更加大胆。异域的植物和花卉从前是她绘画中比较受限之处，在此书中它们生机勃勃，弯曲、螺旋、色彩鲜艳，常常伸出纸张边缘。另一个引人注目的进步是，她的一些作品拥有恐怖甚至梦魇般的质感，运用了一种戏剧叙事般的手法。尤其在印刷图58中，展示了一只准备吃掉蜂鸟的粉红脚蜘蛛；在印刷图63中，巨田鳖吞食着一只蛙类。在《蠋书》和梅里安的从前作品中，还没有出现过荷兰静物画的虚空派主题，但在这些画作中已经有所显露。按理，这种重点的改变并非直接源于她对同时期静物画的了解，因为她在继父的耳濡目染下从小就熟悉静物画；可能是她探险前在阿姆斯特丹看到的一些珍奇室布置方式带来了这种改变。弗雷德里克·鲁希奇的藏品特别强调了虚空派主题，其中有一系列保存完好的儿童器官，两侧还有骨架，组成精致的死亡寓言，他还为此专门制作了版画（图41）。

图41
科尼利厄斯·休伯茨（Cornelis Huyberts）
弗雷德里克·鲁希奇《解剖学宝藏》（*Thesaurus anatomicus*）的首页插画，1701—1706年

如今保存于皇家图书馆里的梅里安九十五幅水彩画都是著名的藏书家、收藏家理查德·米德（Richard Mead）博士死后出售的藏品，由威尔士亲王乔治三世于1755年购买。两张巨大的皮革封皮内，图画已经存放了好多年，这些封皮可能可以追溯至米德博士的各个时期。可以证明这套图早期历史的最初封皮已不复存在。不知道米德是直接委托梅里安创作这些作品的，还是通过在欧洲大陆为他工作的代理商获得了这些作品。

马克·凯茨比

苏珊·欧文斯

"博物学的天才"

马克·凯茨比（1682—1749年）于1729—1747年，分两部分出版了他的毕生心血之作，《卡罗来纳、佛罗里达州与巴哈马群岛博物志》（*The Natural History of Carolina, Florida and the Bahama Islands*）。这套宏大的两卷本著作包含了整页整页的图画和附带的文字说明，是第一本关于此类主题的书。皇家收藏保存了凯茨比原创的二百六十三幅水彩画，是当初为该书的印刷图所作的预备作品，如今已是他现存作品中的绝大部分。这些水彩画创作于这位艺术家两次前往北美东海岸的长途访问期间，先去了弗吉尼亚州，而后是卡罗莱纳州。它们呈现了各种各样的植物、鸟、鱼和蛇。凯茨比简直想对北美东海岸的本土动植物进行一番全面调查（图42）。

由于16世纪末近东植物物种的迅速引进、17世纪英国的园艺文化迅猛发展，引发了人们对于美洲新世界植物的热衷和好奇。最具吸引力的是弗吉尼亚州，州内的詹姆士镇（Jamestown）于1607年成为了北美第一个永久性的英国人定居点。收藏家、园艺家小约翰·特雷德斯坎特三次前往弗吉尼亚探险，带回了许多种植物，包括北美悬铃木（American plane tree）、郁金香树（tulip tree）和五叶地锦（Virginia creeper）。第一批研究该地区本土物种的植物学家中包括约翰·班尼斯特牧师（Revd John Banister，1652—1692年），伦敦主教亨利·康普顿于1678年把他送去了弗吉尼亚州。班尼斯特收集并画下了许多植物，把其中大量植物都送回康普顿在富勒姆宫的花园，其中包括北美木兰（sweet bay），这也是第一株引入英国的木兰树。著名的自然学家约翰·雷（John Ray，1627—1705年）把班尼斯特的研究发现放在他第二本影响深远的著作中一起出版，那就是《英国植物志》（*British flora, Historia plantarum*，1688年），但没有配插图。17世纪末、18世纪初，查尔斯·普鲁米尔（Charles Plumier，1666—1706年）牧师出版了四部关于美国植物的重要著作。尽管在凯茨比之前已经有植物学家先驱开始研究北美植物，但凯茨比是第一个把关注范围扩展到与植物共存动物的自然学家，并展示了它们之间的相互依存。

凯茨比出生于萨福克郡（Suffolk）的萨德伯里镇（Sudbury）。虽然凯茨比本人在《博物志》的序言中提供了一点自己的生平资料，但我们对他早期的生活和教育仍知之甚少。他的叔叔尼古拉斯·杰基尔（Nicholas Jekyll）是约翰·雷的同事，曾鼓励过小时候的

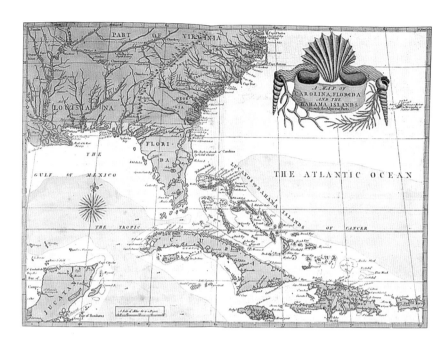

图42
装在凯茨比《博物志》中的地图，绘有部分弗吉尼亚州、卡罗莱纳州、佛罗里达州和巴哈马群岛

他发展博物学方面的兴趣，他称之为"探寻植物和其他自然产物……的早期意愿"。正如凯茨比的一个朋友后来所说，杰基尔启发了他的"博物学天才"。

起初，如凯茨比在《博物志》的序言中提到的那样，他的植物学研究"受到了住处离'科学中心'伦敦太远的局限"。但因为家庭关系出现了一个绝好的契机，能让他前往更远处去继续他的研究，并观察那些"对英格兰而言十分陌生"的动植物。他的姐夫威廉·科克（William Cocke）医生在弗吉尼亚州的首府威廉斯堡（Williamsburg）成立了一家医疗机构。科克也是一名政治家，在弗吉尼亚州结识很多有威望的人物。他把凯茨比介绍给富裕的大地主朋友们，其中有许多人都和英国地主一样，对园艺学充满兴趣，于是热衷于帮助凯茨比开展研究。往后的七年里，凯茨比探索了弗吉尼亚潮水地区的种植园，沿着詹姆斯河（James river）前往阿帕拉契山脉（Appalachian mountains）探险。这些短途旅行的主要目的是为塞缪尔·戴尔（Samuel Dale）和托马斯·费尔柴尔德（Thomas Fairchild）收集植物标本和种子。戴尔是约翰·雷的同事，而费尔柴尔德则是霍克斯顿（Hoxton）实验苗圃的所有者，也是1722年出版的《城市园艺家》（*City Gardener*）的作者。

这是一幅不同寻常的印刷画。凯茨比没有画一个主体站立的侧面图，而是展现了它飞行中的模样，他还画了风景作为背景。此外，这幅图描绘了涉及另一种鸟的戏剧性一幕。右上方较远处画了一只鱼鹰（osprey），是一种从水面捕鱼的专家，但可能在白头海雕（bald eagle）的不断袭击下，捕到的鱼掉了下来，于是海雕正在半空中准备叼住这条鱼。

D. A.

印刷图73　白头海雕，1722—1726年

　　夜鹰（nightjars）遍布世界各地，凯茨比轻松命名了这个物种，因为和他所熟知的一种欧洲鸟类非常类似。夜鹰也叫"饮山羊乳者"，学名"*Caprimulgus*"就是来自同义的拉丁语单词，因为传说这种鸟会盗取山羊的奶。确实常常能看到它们在黑暗里整夜围绕着山羊等家畜飞来飞去，但实际上它们是来寻找被动物粪便吸引过来的昆虫。

　　夜鹰借助于鸟喙边缘的感觉刚毛，常常边飞行边捉昆虫。它们偶尔也会从地面捕获猎物，但凯茨比图中的蝼蛄（mole cricket）不太可能是它们的猎物，因为蝼蛄绝大多数时候都待在用强有力的前肢挖掘出的隧道里，以蠕虫、昆虫幼虫为食，偶尔会吃植物的根部，只有在寻找配偶的时候，会在任意一个时间段里爬出地面。

D. A.

印刷图74　夜鹰和欧洲巨蝼蛄（Gryllotalpa gryllotalpa），1722—1726年

象牙喙啄木鸟（ivory-billed woodpecker）是啄木鸟属中最大的种类，和乌鸦一般大，令人惊叹。凯茨比可以在佛罗里达州和巴哈马的大部分地区见到这种鸟，那时也有人在古巴看到过。20世纪50年代，大部分原始栖息地中都已不见它们身影，到了20世纪70年代，几乎可以肯定它们已经灭绝了。但最近有人在一个秘密地点目击到了象牙喙啄木鸟，让人们重燃这种鸟类能存活下来的希望。

D. A.

印刷图75（P185） 象牙喙啄木鸟和柳叶栎（Quercus phellos），1722—1726年

Quercus angustis
angusto Saliïs   Ilex Marilandica folia longo
                    Ph. Hist. — Willow Oak.

汉斯·斯隆爵士的《马德拉、巴巴多斯、涅夫、圣克里斯托弗和牙买加群岛的航行》（*A Voyage to the Islands Madera, Barbados, Nieves, St Christophers and Jamaica*）第一卷出版于1707年，凯茨比受该书驱使，于1714年也前往牙买加，去研究西印度群岛的动植物群。

凯茨比后来在《博物志》中写道，他很后悔第一次去美洲旅行的时候没有好好运用有效方法："我没怎么想到会延续这部作品里的自然构思工作，为此我在这里住了七年。（很羞于承认的是，）我主要满足于自己观察和欣赏这些地区不同物种的爱好……只是在有些感兴趣的朋友要求下，寄回去些植物的干燥标本，有些特殊种类就种在大桶土中寄去……"但毫无疑问，数年后他回到美国时，这些年的田野经历产生了巨大的价值。

凯茨比于1719年回到英格兰，向朋友塞缪尔·戴尔展示了一组在弗吉尼亚所画的作品。戴尔安排凯茨比与著名的植物学家威廉·谢拉德（William Sherard）会面，他写道："凯茨比先生从弗吉尼亚回来……打算再回去，等着有机会能让你看看他画的鸟和其他一些东西。很可惜我不知道怎么鼓励他，他绝对可以推动完善博物学。"谢拉德对凯茨比的画作留下了深刻的印象，说道："他的水彩画构思和绘画水平趋于完美。"实际上，谢拉德已经在商讨送一位自然学家去美洲的可能性，于是他召集了一批定期赞助人，把凯茨比送回大西洋。这次是去卡罗莱纳州，每年薪水为二十英镑。虽然皇家学会没有给予凯茨比经济方面的支持，但学会的支持也很宝贵，能让他吸引到一些富有的定期资助人。大英博物馆的创始人汉斯·斯隆爵士是他第二次赴美的重要赞助人之一；另一位是医师、收藏家理查德·米德博士，他也拥有玛丽亚·西比拉·梅里安的大量画作，如今保存于皇家收藏。

1722年，凯茨比启航前往查尔斯顿（Charleston）。此时的南卡罗莱纳仍是边境地区。凯茨比在《博物志》的序言中记录道，殖民地自然资源的商业利润高于大米、沥青和焦油等的收益，但人们很少去探寻。他也把这个地区描述为"与任何地方相比都毫不逊色的富饶之地，拥有各种各样大自然的祝福"。他抵达时，受到了州长尼科尔森将军（General Nicholson）的欢迎。和他上次赴美时姐夫为他所做的一样，将军也把他介绍给了殖民地里几个位高权重的人。

印刷图76　旅鸽（Ectopistes migratoria）和苦栎（Quercus laevis），1722—1726年

　　在凯茨比的时代，旅鸽是北美常见的鸟类之一，有些机构甚至认为旅鸽是有史以来数量最多的鸟类。大约由两亿只旅鸽形成的巨大鸟群，飞越北美中部草原的时候，天都能变暗，这一飞就要花三天才能全部飞完。人们开始在草原定居时，鸟群就开始减少了。突然之间，这种鸟类就变得非常罕见。1889年，有人目击到最后一只野生旅鸽。而最后一只幸存旅鸽名叫玛莎，是只雌性旅鸽，被捕后就孤独地圈养着，于1914年死于辛辛那提动物园（Cincinnati Zoo）。

　　凯茨比毫不考虑尺寸的相对比例，他把鸟置于一片几乎和鸟等长的橡树叶上。事实上，旅鸽可不比鸽属的许多其他种类小。

D. A.

印刷图77　红腿鸫（Turdus plumbeus）和裂榄树（Bursera simaruba），1722—1726年

印刷图78（P189）　黄喉林莺（Dendroica dominica）、松莺（Dendroica pinus）和美国红枫（Acer rubrum），1722—1726年

Grey Titmous with a Yellow Throat   61   62   Yellow Throat Pine Creeper

Parus Americanus cinereus

Pine creeper
Parus Americanus Lutescens

Acer Virginianum folio majore, subtus argenteo, supra
viridi splendente   Pluk: Alma.

在此次探险期间，凯茨比使用的方法远比上次系统化，并且安排好前往这片地区各处的时间，以便在不同季节里观察这些地方，如他在写给谢拉德的信中所描述的一样：

"我的方法是，永远不会在同一季节中重复前往同一个地方，如果春天时候我在低地地区，夏天我在河源地区，那么第二年夏天我就去低地地区，这样在两年间我就能交替前往这片地区的不同地方。"

凯茨比展示了他对卡罗莱纳州沿海平原居住地一带的探索，讲述了他如何在第一年里"搜寻、收集和描绘动植物"，而后他前往摩尔堡（Fort Moore）周围无人居住的地带旅行。摩尔堡是草原上一个建在斜坡上的小城堡。他欢欣雀跃地发现"地区南部还有大量东西没人见过"，他的发现又促使他"在印第安人的陪同下，往河流上游和山脉间进行了多次旅行"。他记录道，"除了狩猎水牛、熊、黑豹等野兽之外，这些探险中不仅出现了一系列新种类的植物，还带来了令人愉快的美好前景"。他接着描述他如何"在短途旅行中，雇用了一位印第安人来搬运箱子。箱子里除了纸和绘画材料外，我还把收集到的植物干燥标本和种子放了进去"，他加了一句，"对于这些友好印第安人的热情款待和帮助，我感激不尽"。

凯茨比最感兴趣的是植物标本，特别是乔木和灌木，不仅因为它们本身的价值，也因为它们"有几种机械学等方面的用途，比如建筑、旅游、农业，以及食物、医药方面的用处"。树木最主要的价值可能是英格兰进口后成功在当地开始种植。他还对鸟类进行过深入的研究，他后来解释了他的偏好："除了因为鸟类常常食用植物、栖息在植物上外，鸟类羽毛的类型比其他动物的都要多……色彩异常漂亮。"1725年，凯茨比前往巴哈马群岛旅行，他在那里专注于鱼类，曾解释说他把相关研究一直推迟到了此次旅行期间。他没有失望："我经常听到有人说这里的鱼有多非同凡响，但我在看到大自然如何用最华丽的斑纹和色彩极尽奢华地装饰它们时，还是感到无比惊异。"

根据凯茨比对实际工作的描述，他是在田野间创作水彩画的："在设计植物图样时，我总是在刚收集到的时候趁新鲜赶快画下它们；而对于动物，尤其是鸟类，我会在它们还活着的时候（除了极少一部分）画下它们各自不同的姿势。"鱼一离开水，颜色就会迅速黯淡，所以凯茨比记录道，他会捕捉一系列同种类的鱼，前一条失色，后一条接上。

1726年，凯茨比回到英格兰后不久，就着手启动这个占据他余生的项目——以一本博物学书籍的形式，发表他的绘画和观察成果。凯茨比为了支撑这个项目，前往托马斯·费尔柴尔德的苗圃工作，后来又去了克里斯托弗·格雷（Christopher Gray）在富勒姆的苗圃。凯茨比从美洲寄去的植物标本就是给费尔柴尔德的。

凯茨比在为《博物志》准备印刷图时，发现他准备的图画非常宝贵。他写道："对我来说，如果不能再去美国旅行的话，任何一幅原画丢失，都是不可挽回的悲剧，因为检查我的绘画呈现是否真实而准确实在太有必要了。"对田野间发现的标本所作的仔细研究，目的是清晰而准确，而不是展现艺术技巧；基本上它们就是技术性的图绘。《博物志》的序言中，他明确表示："我不是画家，因此我更乐意去完善透视等细节中的不足，只是想用直接但精确的方式去构想植物等东西，可能比起画家般更大胆的技法来，这种方式在某种程度上更能达到《博物志》的目的。"

此外，凯茨比确信，印刷图的价值远远超过任何文字性的描述：

"《博物志》的插图对于完美理解这本书的内容来说是至关重要的，比起没有图的最精准描述来，以适当的颜色画出的动植物形象才更能清晰诠释我的观点。因此我不再用冗长文字赘述，觉得没必要诠释每根羽毛，让读者感到厌倦，我希望他们能够毫无疑虑地直接自己辨别。"

这是大红鹳（greater flamingo），是欧洲、非洲以及巴哈马地区的五种红鹳中，体型最大、分布最广的一种，凯茨比就是在巴哈马看到的。他决定针对大红鹳的头部专门画一张图，说明他十分了解它的独特结构。鸟喙内部布满了成排的角质层板，板的边缘还长有细毛。这种鸟类把水吸入口中，然后用舌头的抽吸动作，把水排出，滤剩一些小生物作为食物。从食物收集方式的角度来看，红鹳相当于鸟届的须鲸（baleen whales）。

背景里的树状结构式柳珊瑚（gorgonian），是一种群体性的海洋生物，有时也叫角珊瑚（horny coral）。它们不太可能出现在火烈鸟经常出现的浅潟湖中。

D. A.

印刷图79（P193）　加勒比海红鹳（Phoenicopterus ruber）的头部和柳珊瑚，约1725年

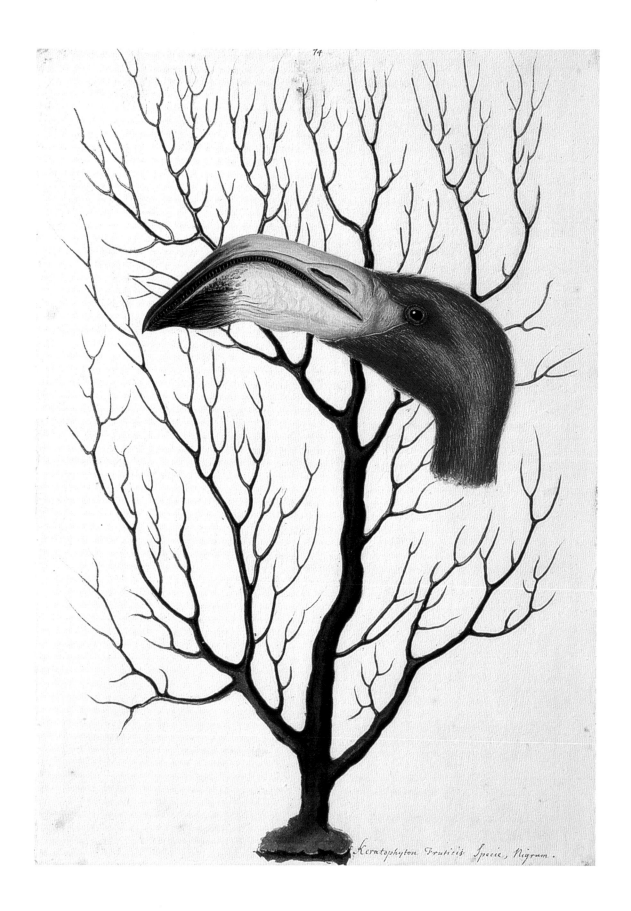

Keratophyton Fruticis Specie, Nigrum.

凯茨比在书的引言中写道："鱼出水后，身上的颜色会消失。我在不同的时间段里画鱼的时候，一旦前一条鱼失色，会有另一条同种类鱼接续上。"这幅画十分精彩，无可辩驳地证明他确实按他说的做了。

D. A.

印刷图80　长棘毛唇隆头鱼（Lachnolaimus maximus），约1725年

印刷图81 额斑刺蝶鱼
（Angelichthys ciliaris），
约1725年

　　这些显然都是照着已死标本画的：背上那块小三角（就是缩小很多的腹部）
通常是朝前伸展、紧贴住主躯干的。脚张开的模样也不太自然。

D. A.

印刷图82　红石蟹（Grapsus grapsus）和焰纹馒头蟹（Calappa flammea），约1725年

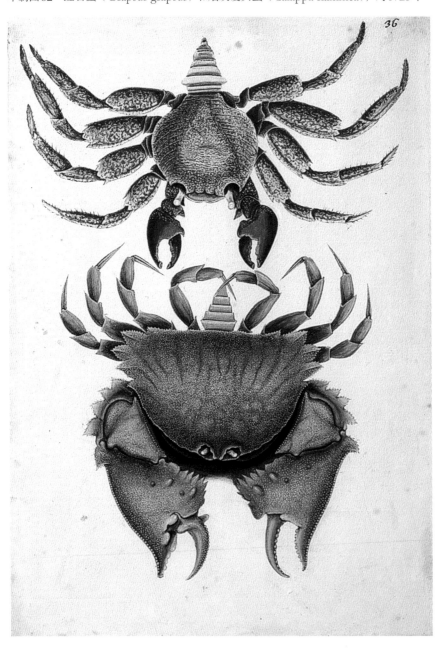

这是荷花玉兰（Magnolia grandiflora），如今在英国广泛种植。凯茨比画的是它的花瓣脱落后形成的锥形结构。再长大一点，种子会脱落，但悬挂在丝线上，可供鸟类轻松吃到。种子的肉质外壳消化后，里面的内核没有受损。鸟类最终把种子排泄出来，而后它开始发芽生长。

D. A.

印刷图83　荷花玉兰，1722—1726年

印刷图84　臭鼬（Mephitis mephitis），1722—1726年

虽然这种小蜥蜴通常叫作"变色龙"（chameleon），但它和真正变色龙的关系并不相近。变色龙主要生活在非洲和马达加斯加，而这种蜥蜴属于美洲的鬣鳞蜥，人们称之为"安禄蜥"（anole）。凯茨比在此处所描绘的动植物比例还是比较准确的，因为安禄蜥又小又敏捷，确实能以他描绘的样子爬过草叶和草茎。雄性安禄蜥有一个猩红色的喉囊，可以隐藏起来，也可以像凯茨比画的一样轻弹而出，用来表示此处地盘为它所有，让对方远离这小片区域。

D. A.

印刷图85（P203） 牙买加安禄蜥（Anolis garmani）和北美枫香（Liquidambar styraciflua），1722—1726年

印刷图85的细节

Liquid-Ambari arbor Straciflua Aceris folio
fructu-tribuloide (ie) pericarpio Obrentari — ex quam
plurimis apicibus coagmentato Semen recondens
Phitcari. Pluk: Alma.

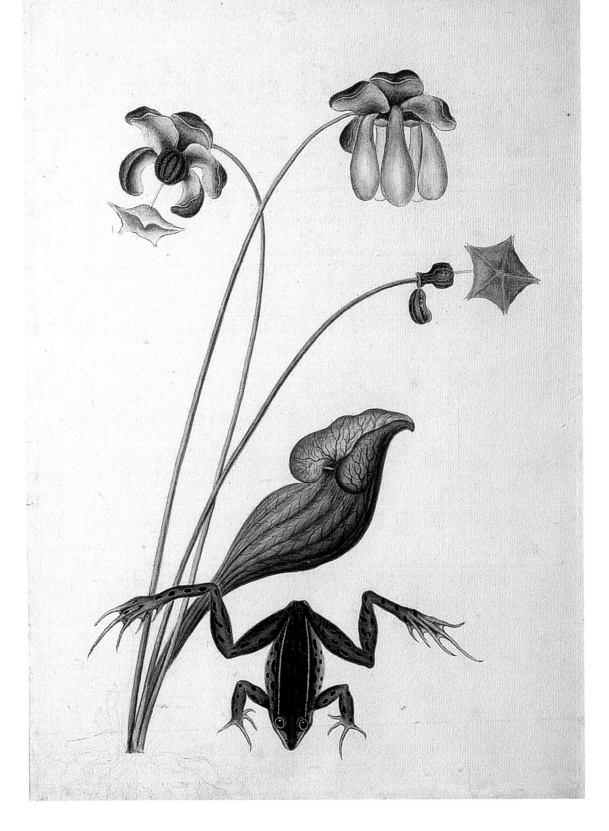

　　瓶子草（sarracenias）是一种食肉植物，会用喇叭状叶子顶部分泌的闪光甜味液体吸引昆虫。喇叭状叶子内部的表面很滑，昆虫掉进去后，就会淹没在底部的液体中，身体被慢慢消化掉。小型青蛙常常蹲在喇叭状叶子顶部，通过某种方法站稳，等着捕捉瓶子草吸引过来的昆虫。但令人怀疑的是，图上这种青蛙是否会这样做，它看起来太大了。

D. A.

印刷图86（P204）　欧洲水蛙（Rana esculenta）和紫瓶子草（Sarracenia purpurea），1722—1726年

印刷图87（P207） 书带木（Clusia rosea），约1725年

鸟或者蝙蝠会把这种植物的种子丢到树枝上。种子长出长长的根，伸到地面，形成一大片冠根，并最终扼死它依附的树，以一棵独立的树活下来，有时可高达60英尺（18厘米）。树干分泌的树脂可以用来给船只填缝。

D. A.

印刷图88（P208—209） 北美野牛（Bison bison）和圆珠花（Robinia hispida），1722—1726年

此图中，凯茨比对相对大小的漠视程度达到了超现实的水平。为什么他把北美最大动物的代表——一头可重达1000千克的北美野牛——画成在一棵刺槐树的树枝上活蹦乱跳，真是令人费解。当然，在凯茨比的时代，这种动物还会大群大群地徜徉在北美大草原上。

D. A.

Cenchramidea Arbor saxis adnascens. Obrotundo pingui folio, fructu pomiformi in plurimas capsulas, granula ficulnea stilo columnari hexagono praduro adhaerentia continentes diviso, Balsamum fundens. Pluk. Alma

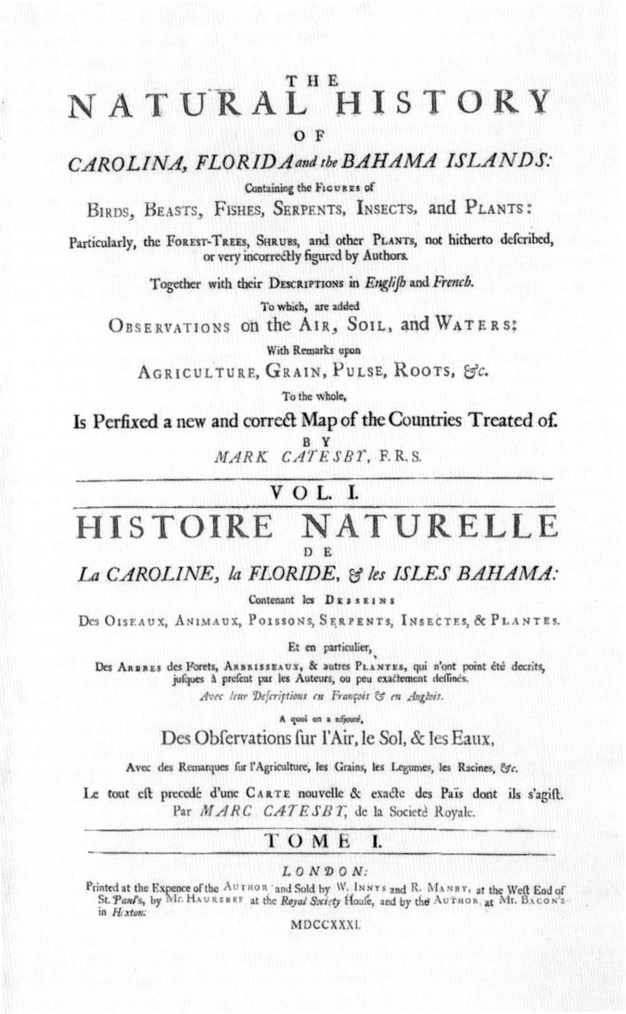
THE
NATURAL HISTORY
OF
CAROLINA, FLORIDA and the BAHAMA ISLANDS:
Containing the FIGURES of
BIRDS, BEASTS, FISHES, SERPENTS, INSECTS, and PLANTS:
Particularly, the FOREST-TREES, SHRUBS, and other PLANTS, not hitherto deſcribed, or very incorrectly figured by Authors.
Together with their DESCRIPTIONS in *Engliſh* and *French*.
To which, are added
OBSERVATIONS on the AIR, SOIL, and WATERS:
With Remarks upon
AGRICULTURE, GRAIN, PULSE, ROOTS, &c.
To the whole,
Is Perfixed a new and correct Map of the Countries Treated of.
BY
MARK CATESBY, F.R.S.

VOL. I.

HISTOIRE NATURELLE
DE
La CAROLINE, la FLORIDE, & les ISLES BAHAMA:
Contenant les DESSEINS
Des OISEAUX, ANIMAUX, POISSONS, SERPENTS, INSECTES, & PLANTES.
Et en particulier,
Des ARBRES des Forets, ARBRISSEAUX, & autres PLANTES, qui n'ont point été decrits, juſques à preſent par les Auteurs, ou peu exactement deſſinés.
Avec leur Deſcriptions en François & en Anglois.
A quoi on a adjouté,
Des Obſervations ſur l'Air, le Sol, & les Eaux,
Avec des Remarques ſur l'Agriculture, les Grains, les Legumes, les Racines, &c.
Le tout eſt precedé d'une CARTE nouvelle & exacte des Païs dont ils s'agiſt.
Par *MARC CATESBY*, de la Societè Royale.

TOME I.

LONDON:
Printed at the Expence of the AUTHOR and Sold by W. INNYS and R. MANBY, at the Weſt End of St. *Paul's*, by Mr. HAUKSBEE at the *Royal Society* Houſe, and by the AUTHOR, at Mr. BACON'S in *Hoxton:*
MDCCXXXI.

图43
凯茨比《卡罗来纳、佛罗里达州与巴哈马群岛博物志》第一卷的扉页，1731年

在为《博物志》准备印刷图的时候，凯茨比没有把自己的绘画交给专业人士刻成版画，而是在绘画大师、版画家约瑟夫·古皮（Joseph Goupy，1689—1782年）的帮助下，学会了自己做蚀刻画。除了节约委托带来的成本之外，凯茨比还能完全控制从水彩画到印刷图的转变质量，从而确保最大程度上的准确性。凯茨比解释了他如何去改造习得的蚀刻技术："……但是我没有用雕刻家的方式去做，不用他们交叉影线的方法，而是去遵循羽毛的状态，这会更耗时费力，但希望更能实现我的目标。"

《博物志》第一卷（图43）的一百张印刷图专门描绘了各种鸟类和植物，第二卷的印刷图包含了鱼类、哺乳动物、甲壳类动物、昆虫和植物。附录由二十张印刷图组成，包括前两卷中没有的动植物，其中大多数是凯茨比未曾在野外观察到的，他临摹了其他艺术家的绘画，或者其他自然学家收集的标本。

《博物志》分成数个部分依次出版，每个部分都包含二十张印刷图和对应的描述性文本，完成后都会提交给皇家学会。第一部分于1729年问世。第一卷的第五部分和最后部分于1729年11月提交给皇家学会。构成第二卷的第六至第十部分是于1734年或1735年至1743年提交的，附录则出现在1747年。第一卷献给乔治二世的妻子，卡罗琳王后（Queen Caroline）；第二卷献给乔治二世的儿媳，也就是威尔士亲王弗雷德里克（Frederick）的妻子奥古斯塔公主（Princess Augusta）。《博物志》出版后受到广泛赞誉。皇家学会秘书克伦威尔·莫蒂默（Cromwell Mortimer）形容它为"自人类探索研究印刷艺术以来，我所知范围内最伟大的作品"。

凯茨比于1749年去世，就在他完成巨著的两年后。他的遗孀保存着他的绘画，直至她1753年去世后，画作都卖了出去。1768年，乔治三世从伦敦书商、出版商汤玛斯·卡德尔（Thomas Cadell）处购买了《博物志》的大量原图集。原图代替印刷的插图，装订成《博物志》三卷本套装，而非常见的两卷。近期，这些画作已从集册中移走，另外保存安放。

插图表

图

图1
野牛，约公元前30000年
法国，肖维岩洞，法国文化和传播部
（France French Ministry of Culture
and Communication），文化事务区域
指导（Regional Direction for Cultural
Affairs），罗讷-阿尔卑斯地区（Rhône-
Alpes region），地区考古部（Regional
department of archaeology），照片编号14

图2
内巴蒙墓中的壁画碎片，约公元前1350年
埃及底比斯
大英博物馆，EA 37977
© 版权归大英博物馆理事会所有

图3
内巴蒙墓中的壁画碎片，约公元前1350年
埃及底比斯
大英博物馆，EA 37977
© 版权归大英博物馆理事会所有

图4
骑士和蜗牛决斗
出自《麦克莱斯菲尔德诗篇》，约1330年
在牛皮纸上用不透明颜料和金箔绘成
剑桥菲兹威廉博物馆（Fitzwilliam
Museum），MS 1—2005, f. 76r

图5
猿医生和熊患者
出自《麦克莱斯菲尔德诗篇》，约1330年
在牛皮纸上用不透明颜料和金箔绘成
剑桥菲兹威廉博物馆，MS 1—2005, f. 22r

图6
狮子和幼崽
出自《英国动物》，1230—1240年
在牛皮纸上用不透明颜料绘成
剑桥大学图书馆（Cambridge University
Library），MS Ii.4.26, f. 1v

图7
狮身鹰首兽
出自《英国动物》，1230—1240年
在牛皮纸上用不透明颜料绘成
剑桥大学图书馆，哈利（Harley）MS
4751, f. 7v

图8
莱昂纳多·达·芬奇
行走的熊，约1490年
在涂成浅黄色的纸上用金属笔尖绘成
纽约大都会艺术博物馆（Metropolitan
Museum of Art），罗伯特·雷曼（Robert
Lehman）藏品，1975.1.369
照片 © 版权归大都会艺术博物馆所有

图9
莱昂纳多·达·芬奇
龙，1513—1516年
在黑粉笔笔迹上用钢笔和稀释墨水绘成
温莎城堡皇家图书馆，RL 12363

图10
人体演变误解
出自《纽伦堡编年史》，1493年
木刻画
温莎城堡皇家图书馆，RCIN 1071477, f.
XII

图11
狐狸
出自康拉德·格斯纳的《动物志》，1551年
手工上色的木刻画
剑桥大学图书馆，N*.1.19（A），第43页

图12
独角兽
出自康拉德·格斯纳的《动物志》，1551年
手工上色的木刻画
剑桥大学图书馆，N*.1.19（A），第62页

图13
阿尔布雷特·丢勒
犀牛，1515年
木刻画
温莎城堡皇家图书馆，RCIN 800198

图14
有翅之龙
出自乌利塞·阿尔德罗万迪的《蛇与龙之
书》，1640年
木刻画
大英图书馆，459.b.5（2），第422页

图15
啄木鸟的头骨和舌头
出自乌利塞·阿尔德罗万迪的《鸟类》，
1599年
木刻画
大英图书馆，439.m.1，卷十二，第838页

图16
斑马
出自乌利塞·阿尔德罗万迪的《四足动物》，
1616年
木刻画
大英图书馆，459.b.6（2），卷一，第417页

图17
冠花贝母
出自巴西利厄斯·贝斯莱尔的《艾希斯特的
花园》，1613年
雕版印刷画
温莎城堡皇家图书馆，RCIN 1083505，卷
一，第五部分，f. 1

图18
亚历山大·马歇尔的"狨猴"，1650—1682
年（局部细节）
水彩画
温莎城堡皇家图书馆，RL 24419

图19
玛丽亚·西比拉·梅里安
珊瑚蛇，1701—1705年（局部细节）
用水彩颜料、不透明颜料和阿拉伯树胶涂
在牛皮纸的轻微刻痕上绘成
温莎城堡皇家图书馆，RL 21203

图20
马克·凯茨比
火烈鸟和柳珊瑚，约1725年
水彩颜料、不透明颜料和阿拉伯树胶
温莎城堡皇家图书馆，RL 25908

图21
白头海雕
出自约翰·詹姆斯·奥杜邦
《美国鸟类》，1827—1838年
手工上色飞尘腐蚀版画
© 伦敦自然历史博物馆（Natural History
Museum），ref. 3031, pl. 31

图22
加勒比海红鹳
出自约翰·詹姆斯·奥杜邦
《美国鸟类》，1827—1838年
手工上色飞尘腐蚀版画
© 伦敦自然历史博物馆，ref. 3431, pl. 431

图23
军舰鸟
出自约翰·詹姆斯·奥杜邦
《美国鸟类》，1827—1838年
手工上色飞尘腐蚀版画
© 伦敦自然历史博物馆，ref. 3271, pl. 271

图24
爱德华·李尔
鞭笞巨嘴鸟
出自约翰·古尔德的《巨嘴鸟科专著》，
1834年
手工上色平版印刷画
温莎城堡皇家图书馆，RCIN 1122381,
pl. 6

图25
约翰·古尔德和威廉·哈特
极乐鸟
出自约翰·古尔德的《新几内亚的鸟类》，
1875—1888年
手工上色平版印刷画
温莎城堡皇家图书馆，RCIN 1122354,
pl. 23

图26
亨利克·格伦沃尔德
蓝山雀，加那利群岛亚种，约1920年
水彩画
© 伦敦自然历史博物馆，ref. 889

图27
弗朗西斯科·梅尔齐提供
莱昂纳多·达·芬奇肖像，约1515年
红粉笔画
温莎城堡皇家图书馆，RL 12726

图28
彼得罗·安尼基
卡西亚诺·德尔·波佐的肖像，卡洛·达蒂的
葬礼演讲《卡西亚诺·德尔·波佐之颂》的
首页插图，1664年
雕版印刷画
大英图书馆，10630.f.22

图29
马特乌斯·格罗伊特
《蜜蜂图解》，1625年
雕版印刷画
苏格兰国家图书馆（National Library of
Scotland），珍本收藏，MRB.233

图30
欧洲双头蛇
出自弗朗西斯科·埃尔南德斯的《墨西哥宝
典》中，约翰内斯·法布尔关于墨西哥动物
论文的插图，1651年
木刻画
伦敦维尔康姆图书馆（Wellcome Library），
28511/D，第797页

图31
风信子
出自约翰·杰拉德的《草本植物》，于1597
年首次出版，1636年由托马斯·约翰逊
（Thomas Johnson）扩充并修订
手工上色木刻画
温莎城堡皇家图书馆，RCIN 1057110，第
114页

图32
风信子
出自巴西利厄斯·贝斯莱尔的《艾希斯特的
花园》，1613年
雕版印刷画
温莎城堡皇家图书馆，RCIN 1083505，卷
一，第二部分，f. 5

图33
约翰·帕金森（John Parkinson）《园艺大
要》的题图，1629年
大英图书馆，Eve.b.49

图34
亚历山大·马歇尔
左页：嗜药凤蝶对蝶和笔记，约1650年
右页：一只种类不明蝴蝶的笔记，约1650年
水彩和墨水
自然科学院（Academy of Natural
Sciences），尤厄尔·赛尔（Ewell Sale）
费城斯图尔特图书馆（Stewart Library），
Coll. 941，f.1r和v

图35
亚历山大·马歇尔
代尔夫特罐子里的花，约1663年
油画
耶鲁大学英国艺术中心（Yale Center for
British Art），保罗·梅隆（Paul Mellon）
藏品，B1981.25.436

图36
乔治·葛塞尔与雅各布斯·霍伯埃肯先后
所画
玛丽亚·西比拉·梅里安的肖像，1717年
雕版印刷画
温莎城堡皇家图书馆，RCIN 670216

图37
安德里斯·凡·拜森
莱文内斯·文森特《自然奇迹》的首页插画，
1706年
蚀刻画
大英图书馆，462.d.21

图38
苏里南海岸的地图，约1710
彩色雕版
法兰克福森肯堡（Senckenberg）大学图书
馆（Universitätsbibliothek），约翰·克里
斯汀（Johann Christian），Kt.297

图 39
玛丽亚·西比拉·梅里安
天蚕蛾变态研究
出自她的研究著作，1699—1701 年
牛皮纸上的水彩画
圣彼得堡俄罗斯科学院图书馆（Library of the Russian Academy of Sciences），F 246，nos. 252 和 253，f. 343/100

图 40
《苏里南的昆虫变态》的扉页，1705 年
温莎城堡皇家图书馆，RCIN 1085787

图 41
科尼利厄斯·休伯茨
弗雷德里克·鲁希奇《解剖学宝藏》的首页插画，1701—1706 年
雕版印刷画
伦敦维尔康姆图书馆，L0007581

图 42
马克·凯茨比和亨利·波普尔（Henry Popple）
装在凯茨比《博物志》中、绘有部分弗吉尼亚州、卡罗莱纳州、佛罗里达州和巴哈马群岛的地图
手工上色蚀刻画
温莎城堡皇家图书馆，RCIN 1085718

图 43
凯茨比《卡罗来纳、佛罗里达州与巴哈马群岛博物志》第一卷的扉页，1731 年
温莎城堡皇家图书馆，RCIN 1085716

印刷图

莱昂纳多·达·芬奇

印刷图 1　岩石峡谷，1475—1480 年
钢笔和墨水
22.0 厘米 × 15.8 厘米
RL 12395

印刷图 2　层状岩露出地面的岩层，约 1510 年
钢笔和墨水涂在黑粉笔笔迹上
18.5 厘米 × 26.8 厘米
RL 12394

印刷图 3　用后腿站立的马，约 1480 年
用金属笔尖在米色纸上绘成
11.4 厘米 × 19.6 厘米
RL 12315

印刷图 4　马匹研究，约 1490 年
用金属笔尖在淡黄色纸上绘成
20.0 厘米 × 28.4 厘米
RL 12317

印刷图 5　正面视角的马，约 1490 年
用金属笔尖在蓝色纸上绘成
22.1 厘米 × 11.0 厘米
RL 12290

印刷图 6　熊掌的结构，1485—1490 年
用金属笔尖在灰蓝色纸上绘制，钢笔和白色墨水在笔迹上进行了加强
16.2 厘米 × 13.7 厘米
RL 12372

印刷图 7　伯利恒之星、五叶银莲花和泽漆，1505—1510 年
钢笔、墨水和红粉笔
19.8 厘米 × 16.0 厘米
RL 12424

印刷图 8　金盏花和五叶银莲花，1505—1510 年
钢笔和墨水沿着黑粉笔笔迹绘制
85.0 厘米 × 14.0 厘米
RL 12423

印刷图 9　黑莓的带叶小枝，1505—1510 年
红粉笔和钢笔轻描
9.0 厘米 × 6.0 厘米
RL 12425

印刷图 10　薏苡，约 1510 年
钢笔和墨水沿着红粉笔笔迹绘制
21.2 厘米 × 23.0 厘米
RL 12429

印刷图 11　橡树和染料木，1505—1510 年
在淡红色纸上用红粉笔和白色笔轻描绘成
18.8 厘米 × 15.4 厘米
RL 12422

印刷图 12　黑莓枝，1505—1510 年
在淡红色纸上用红粉笔和白色笔轻描绘成
15.5 厘米 × 16.2 厘米
RL 12419

印刷图 13　两种灯芯草的种子穗：菰沼生藨草和莎草，约 1510 年
钢笔和墨水
19.5 厘米 × 14.5 厘米
RL 12427

印刷图 14　树，约 1510 年
红粉笔
19.1 厘米 × 15.3 厘米
RL 12431v

印刷图 15　怀孕母牛的子宫，约 1508 年
钢笔和稀释墨水沿着黑粉笔笔迹绘成
19.0 厘米 × 13.3 厘米
RL 19055

印刷图 16　猫、狮子和龙，1513—1516 年
在黑粉笔笔迹上用钢笔和稀释墨水绘成
27.1 厘米 × 20.1 厘米
RL 12363

印刷图 17　马、圣乔治和龙，还有狮子，1517—1518 年
在糙面纸上用钢笔和墨水绘成
29.8 厘米 × 21.2 厘米
RL 12331

印刷图 18　马的前胸和后躯，1517—1518 年
钢笔和墨水画在黑粉笔笔迹上
23.3 厘米 × 16.5 厘米
RL 12303

卡西亚诺·德尔·波佐

印刷图 19　由文森佐·莱昂纳德·普梅洛提供
雪柚：全果和半果，约 1640 年
水彩、不透明颜料画在黑粉笔笔迹上，用阿拉伯树胶加强
34.4 厘米 × 20.5 厘米
RL 19333

印刷图20　由文森佐·莱昂纳德提供
多指的柠檬，约1640年
水彩、不透明颜料画在黑粉笔笔迹上，用阿拉伯树胶加强
24.8厘米×25.5厘米
RL 19358

印刷图21　由文森佐·莱昂纳德提供
白鹈鹕，1635年
水彩、不透明颜料画在黑粉笔笔迹上，用阿拉伯树胶加强
36.4厘米×45.2厘米
RL 28746

印刷图22　由文森佐·莱昂纳德提供
白鹈鹕的头部，1635年
水彩、不透明颜料画在黑粉笔笔迹上，用阿拉伯树胶加强
35.5厘米×54.4厘米
RL 19437

印刷图23　由文森佐·莱昂纳德提供
非洲灵猫，约1630年
水彩、不透明颜料画在黑粉笔笔迹上，用阿拉伯树胶加强
34.4厘米×47.6厘米
RL 21145

印刷图24　未具名画家
鬃毛三趾树懒，约1626年
水彩、不透明颜料画在黑粉笔笔迹上，用阿拉伯树胶加强
42.7厘米×58.7厘米
RL 21144

印刷图25　由文森佐·莱昂纳德提供
海豚，1630—1640年
水彩、不透明颜料画在黑粉笔笔迹上，用阿拉伯树胶和银色颜料加强
33.8厘米×53.8厘米
RL 28735

印刷图26　由文森佐·莱昂纳德提供
白鹳的腿和羽毛，1630—1640年
水彩、不透明颜料画在黑粉笔笔迹上，用阿拉伯树胶加强
38.1厘米×22.7厘米
RL 28739

印刷图27由文森佐·莱昂纳德提供
白鹳的头部，1630—1640年
水彩、不透明颜料画在黑粉笔笔迹上
20.8厘米×27.1厘米
RL 28740

印刷图28　由文森佐·莱昂纳德提供
非洲冕豪猪的结构细节，1630—1640年
水彩、不透明颜料画在黑粉笔笔迹上，用阿拉伯树胶加强
41.1厘米×21.8厘米
RL 19438

印刷图29　未具名画家
宽鳞多孔菌，俯视角，约1650年
水彩和不透明颜料画在钢笔、墨水和黑色粉笔笔迹上
26.5厘米×34.8厘米
RL 19343

印刷图30　未具名画家
宽鳞多孔菌，仰视角，约1650年
水彩和不透明颜料画在黑色粉笔笔迹上
26.5厘米×33.5厘米
RL 19344

印刷图31　由文森佐·莱昂纳德提供
江珧蛤，1630—1640年
水彩、不透明颜料画在黑粉笔笔迹上，用阿拉伯树胶加强
44.1厘米×32.5厘米
RL 32926

印刷图32　由文森佐·莱昂纳德提供
变形的甜瓜，1630—1640年
水彩、不透明颜料画在黑粉笔笔迹上，用阿拉伯树胶加强
53.2厘米×34.8厘米
RL 19365

印刷图33　未具名画家
宝石、石头和护身符，约1630年
水彩、不透明颜料和银色金色颜料画在黑粉笔笔迹上
39.3厘米×24.4厘米
RL 25496

印刷图34　未具名画家
水果、种子和豆类，约1630年
水彩、不透明颜料画在黑粉笔笔迹上，用阿拉伯树胶加强
32.7厘米×17.2厘米
RL 25530

印刷图35　未具名画家
南欧芍药，以及药用芍药的根部，1610—1620年
水彩和不透明颜料画在黑色粉笔笔迹上
36.2厘米×27.2厘米
RL 19401

印刷图36　未具名画家
意大利变种甘蓝，约1650年
水彩和不透明颜料画在黑色粉笔笔迹上
34.3厘米×46.4厘米
RL 21143

亚历山大·马歇尔

印刷图37　酸橙、荷兰番红花、游蛇和芳香干蘗蛾的毛虫，1650—1682年
水彩画
46.0厘米×33.3厘米
RL 24270

印刷图38　荷兰番红花、南俄郁香、苔类植物、雪割草、冠状银莲花和松鸦，1650—1682年
水彩画
45.3厘米×33.3厘米
RL 24272

印刷图39　风信子、波斯鸢尾花、西班牙水仙和荷兰番红花，1650—1682年
水彩画
45.9厘米×33.0厘米
RL 24273

印刷图40　半花水仙、冠花贝母、红口水仙和耳状报春花，1650—1682年
水彩画
45.8厘米×33.1厘米
RL 24280

印刷图41　耳状报春花，1650—1682年
水彩画
45.9厘米×33.0厘米
RL 24281

印刷图42　郁金香，1650—1682年
水彩画
45.7厘米×33.2厘米
RL 24309

印刷图43　黑花鸢尾、石蚕叶婆婆纳、宽翅蜻蜓、塔班花毛茛、花毛茛、肉蝇（可能是尸食性麻蝇）、紫花蜡花和巨根老鹳草，1650—1682年
水彩画
46.0厘米×33.3厘米
RL 24325

印刷图44　德国鸢尾、蒙彼利埃毛茛、塔班花毛茛和蓝铃花，1650—1682年
水彩画
45.9厘米×34.2厘米
RL 24330

印刷图45　野芍药、塔班花毛茛、郁金香和药用芍药，1650—1682年
水彩画
46.0厘米×33.2厘米
RL 24340

印刷图46　法国蔷薇、蔷薇属、蓝花琉璃繁缕、突厥蔷薇、沼泽勿忘草和黄蔷薇，1650—1682年
水彩画
45.9厘米×34.6厘米
RL 24345

印刷图47　圆盾状忍冬、非洲灰鹦鹉、蓝花羽扇豆、浆果金丝桃、鬃毛吼猴、绿蝇属、绿朱草和欧洲深山锹形虫，1650—1682年
水彩画
45.8厘米×33.1厘米
RL 24371

印刷图48　向日葵和格雷伊猎犬，1650—1682年
水彩画
45.6厘米×33.3厘米
RL 24404

印刷图49　蓝黄金刚鹦鹉、蓝晏蜓、胡蜂科、不明种类的鸟类、金凤蝶的毛虫和蛹、白爪小龙虾、格雷伊猎犬、常春藤叶仙客来的叶子，以及枯叶蛾幼虫，1650—1682年
水彩画
45.6厘米×33.3厘米
RL 24408

印刷图50　爬着七星瓢虫的粉色西番莲、不知名蛾类或蝶类的幼虫、秋水仙、斑纹秋水仙、常春藤叶仙客来的叶子、含羞草、不知名蛾类的幼虫，以及鳃角金龟的幼虫，1650—1682年
水彩画
45.5厘米×33.0厘米
RL 24410

印刷图51　红嘴巨嘴鸟、石榴、灰鹤、秋水仙、可能是圆掌舟蛾的幼虫、葡萄、五彩金刚鹦鹉、白额长尾猴、大果榛或欧洲榛、欧洲粉蝶的幼虫，以及林蛙，1650—1682年
水彩画
45.8厘米×34.0厘米
RL 24412

印刷图52　尖椒、辣椒、姜和粉萼鼠尾草，1675—1682年
水彩画
45.8厘米×34.1厘米
RL 24413

印刷图53　雁来红和瓠瓜，1650—1682年
水彩画
45.7厘米×33.2厘米
RL 24417

玛丽亚·西比拉·梅里安

印刷图54　凤梨上有澳洲大蠊和德国小蠊，1701—1705年
在牛皮纸上用水彩、不透明颜料和阿拉伯树胶涂在轻微刻痕上绘成
48.3厘米×34.8厘米
RL 21156

印刷图55　木薯根上有烟草天蛾、鸡蛋天蛾的毛虫和蛹，以及库氏树蟒，1701—1705年
在牛皮纸上用水彩、不透明颜料和阿拉伯树胶涂在轻微刻痕上绘成
39.9厘米×29.5厘米
RL 21159

印刷图56　鸡冠刺桐树枝上有天蚕蛾和蛹，1701—1705年
在牛皮纸上用水彩、不透明颜料和阿拉伯树胶涂在轻微刻痕上绘成
35.9厘米×28.5厘米
RL 21165

印刷图57　香蕉树枝上有毛虫和马达加斯加牛蛾，1701—1705年
在牛皮纸上用水彩、不透明颜料和阿拉伯树胶涂在轻微刻痕上绘成
39.5厘米×31.0厘米
RL 21166

印刷图58　番石榴树的树枝上有芭切叶蚁、行军蚁、粉红脚蜘蛛、白额高脚蛛和金喉红顶蜂鸟，1701—1705年
在牛皮纸上用水彩、不透明颜料和阿拉伯树胶涂在轻微刻痕上绘成
39厘米×32.3厘米
RL 21172

印刷图59　樟叶西番莲和旗足虫，1701—1705年
在牛皮纸上用水彩、不透明颜料和阿拉伯树胶涂在轻微刻痕上绘成
38.0厘米×28.8厘米
RL 21175

印刷图60　葡萄枝和葡萄上有野藤天蛾的成虫、毛虫和蛹，1701—1705年
在牛皮纸上用水彩、不透明颜料和阿拉伯树胶涂在轻微刻痕上绘成
37.4厘米×28.1厘米
RL 21190

印刷图61　观赏甘薯和鹦黄赫蕉，1701—1705年
在牛皮纸上用水彩、不透明颜料和阿拉伯树胶涂在轻微刻痕上绘成
39.5厘米×29.7厘米
RL 21198

印刷图62　石榴树枝上有提灯蜡蝉和蝉，1701—1705年
在牛皮纸上用水彩、不透明颜料和阿拉伯树胶涂在轻微刻痕上绘成
36.4厘米×27.1厘米
RL 21149

印刷图63　凤眼蓝、毒雨蛙和蝌蚪、蛙卵、巨田鳖，1701—1705年
在牛皮纸上用水彩、不透明颜料和阿拉伯树胶涂在轻微刻痕上绘成
39.1厘米×28.5厘米
RL 21213

印刷图64　海马齿和负子蟾，1701—1705年
在牛皮纸上用水彩、不透明颜料和阿拉伯树胶涂在轻微刻痕上绘成
36.1厘米×29.1厘米
RL 21217

印刷图65　红嘴巨嘴鸟，1705—1710年
在牛皮纸上用水彩、不透明颜料和阿拉伯
树胶绘成
30.4厘米×38.1厘米
RL 21238

印刷图66　橡树红光蛇、环纹猫眼蛇、细趾
蟾和虎腿猴蛙，1705—1710年
在牛皮纸上用水彩、不透明颜料和阿拉伯
树胶绘成
30.7厘米×37.5厘米
RL 21226

印刷图67　细趾蟾及它各个生长阶段的卵和
蝌蚪，驴蹄草，1705—1710年
在牛皮纸上用水彩、不透明颜料和阿拉伯
树胶绘成
30.6厘米×39.9厘米
RL 21225

印刷图68　华丽吸蜜鹦鹉站在水蜜桃树枝
上，1691—1699年
在牛皮纸上用水彩、不透明颜料和阿拉伯
树胶绘成
27.2厘米×37.7厘米
RL 21233

印刷图69　眼镜凯门鳄和伪珊瑚蛇，1705—
1710年
在牛皮纸上用水彩、不透明颜料和阿拉伯
树胶绘成
34.6厘米×49.6厘米
RL 21218

印刷图70　黑点双领蜥，1705—1710年
在牛皮纸上用水彩、不透明颜料和阿拉伯
树胶绘成
29.8厘米×40.2厘米
RL 21219

印刷图71　茎部束起的群花静物图，1705—
1710年
在牛皮纸上用水彩、不透明颜料和阿拉伯
树胶绘成
26.2厘米×35.9厘米
RL 21234

印刷图72　水果和蓝背娇鹟静物图，1705—
1710年
在牛皮纸上用水彩、不透明颜料和阿拉伯
树胶绘成
31.1厘米×41.9厘米
RL 21239

马克·凯茨比

印刷图73　白头海雕，1722—1726年
水彩和不透明颜料画在钢笔和棕色墨水上，
用阿拉伯树胶加强
26.8厘米×37.6厘米
RL 24814

印刷图74　夜鹰和欧洲巨蝼蛄，1722—
1726年
水彩和不透明颜料，用阿拉伯树胶加强
27.1厘米×37.2厘米
RL 24821

印刷图75　象牙喙啄木鸟和柳叶栎，1722—
1726年
水彩和不透明颜料画在钢笔和棕色墨水上，
用阿拉伯树胶加强
37.5厘米×27.1厘米
RL 24829

印刷图76　旅鸽和苦栎，1722—1726年
水彩和不透明颜料画在钢笔和棕色墨水上，
用阿拉伯树胶加强
26.9厘米×36.3厘米
RL 24836

印刷图77　红腿鸫和裂榄树，1722—1726年
用水彩、不透明颜料画在钢笔和棕色墨水
以及石墨笔迹上，用阿拉伯树胶加强
27厘米×37.4厘米
RL 24843

印刷图78　黄喉林莺、松莺和美国红枫，
1722—1726年
水彩和不透明颜料画在钢笔和棕色墨水上，
用阿拉伯树胶加强
37.4厘米×26.9厘米
RL 25897

印刷图79　加勒比海红鹳的头部和柳珊瑚，
约1725年
水彩和不透明颜料画在钢笔和棕色墨水以
及石墨笔迹上，用阿拉伯树胶加强
37.9厘米×27.1厘米
RL 25909

印刷图80　长棘毛唇隆头鱼，约1725年
水彩和不透明颜料，用阿拉伯树胶加强
26.3厘米×37.8厘米
RL 25959

印刷图81　额斑刺蝶鱼，约1725年
水彩、不透明和金色颜料，用阿拉伯树胶
加强
27.1厘米×37.2厘米
RL 25976

印刷图82　红石蟹和焰纹馒头蟹，约1725年
水彩和不透明颜料画在钢笔和棕色墨水上，
用阿拉伯树胶加强
37.0厘米×26.9厘米
RL 25982

印刷图83　荷花玉兰，1722—1726年
水彩和不透明颜料，用阿拉伯树胶加强
26.6厘米×37.3厘米
RL 26012

印刷图84　臭鼬，1722—1726年
水彩和不透明颜料，用阿拉伯树胶加强
26.7厘米×38厘米
RL 26013

印刷图85　牙买加安禄蜥和北美枫香，
1722—1726年
水彩和不透明颜料，用阿拉伯树胶加强
38.2厘米×26.9厘米
RL 26016

印刷图86　欧洲水蛙和紫瓶子草，1722—
1726年
石墨、水彩和不透明颜料，用阿拉伯树胶
加强
37.7厘米×26.3厘米
RL 26021

印刷图87　书带木，约1725年
水彩和不透明颜料，用阿拉伯树胶加强
37.3厘米×26.7厘米
RL 26063

印刷图88　北美野牛和圆珠花，1722—
1726年
水彩和不透明颜料画在石墨笔迹上，用阿
拉伯树胶加强
26.6厘米×37.7厘米
RL 26092

绘画和水彩作品都复制成印刷图，于2007
年3月2日至9月16日在爱丁堡荷里路德宫
的皇后画廊，和2008年3月14日至9月28
日在伦敦白金汉宫女王画廊展出。

延伸阅读

莱昂纳多·达·芬奇

温莎保存的所有莱昂纳多画作都是根据肯尼斯·克拉克（Kenneth Clark）和卡罗·佩德雷蒂（Carlo Pedretti）的《温莎城堡女王陛下藏品中的莱昂纳多·达·芬奇绘画》（*The Drawings of Leonardo da Vinci in the Collection of Her Majesty The Queen at Windsor Castle*）第三卷（伦敦，1968—1969年）进行编目和复制的。莱昂纳多对自然科学的研究作品也以摹真本的形式出版了：肯尼斯·基尔（Kenneth Keele）和卡罗·佩德雷蒂的《莱昂纳多·达·芬奇：温莎城堡女王陛下藏品中的解剖学图集》（*Leonardo da Vinci: Corpus of the Anatomical Studies in the Collection of Her Majesty The Queen at Windsor Castle*）第二卷和摹真本（伦敦和纽约，1979年）；卡罗·佩德雷蒂的《温莎城堡女王陛下藏品中的莱昂纳多·达·芬奇绘画和各种论文，第一卷：风景、植物和水的研究》（*The Drawings and Miscellaneous Papers of Leonardo da Vinci in the Collection of Her Majesty The Queen at Windsor Castle. Vol. I: Landscapes, Plants and Water Studies*，伦敦和纽约，1982年），此文本的部分版本可在1981年伦敦皇家美术学院等的"莱昂纳多·达·芬奇：自然研究"展览目录中找到；《马类和其他动物》第二卷（*Vol. II: Horses and Other Animals*，伦敦和纽约，1987年），此文本的部分版本可在1984年佛罗伦萨维奇奥宫"莱昂纳多的马"展览目录和1985年华盛顿美国国家艺术馆等的"莱昂纳多·达·芬奇：马匹绘画"展览目录中找到。

莱昂纳多著作的最佳汇编版本是吉恩·保罗·里克特（Jean Paul Richter）的《莱昂纳多·达·芬奇文集》（*The Literary Works of Leonardo da Vinci*）第三版第二卷（伦敦和纽约，1970年，可在www.gutenberg.org/etext/5000在线阅读），可以和卡罗·佩德雷蒂的《莱昂纳多·达·芬奇文集：对吉恩·保罗·里克特版本的评注》（*The Literary Works of Leonardo da Vinci: A Commentary to Jean Paul Richter's Edition*，牛津，1977年）一起阅读。对莱昂纳多未完成专著的最可靠重现作品是由马丁·坎普（Martin Kemp）和玛格丽特·沃克（Margaret Walker）编辑翻译的《莱昂纳多的绘画》（*Leonardo on Painting*，纽黑文和伦敦，1989年）。对莱昂纳多的科学研究成果最佳介绍可以在马丁·坎普的《莱昂纳多·达·芬奇：自然与人类的非凡作品》（*Leonardo da Vinci: The Marvellous Works of Nature and Man*，伦敦，1981年）中找到。而威廉·恩波登（William Emboden）的《莱昂纳多·达·芬奇的植物与花园》（*Leonardo da Vinci on Plants and Gardens*，波特兰，1987年）中有关于莱昂纳多植物学作品的详细研究。

"装扮这世界的所有自然之作"这句话，摘自莱昂纳多笔记本内的其中一段。这本笔记本保存于巴黎的法兰西学院（编号Ms BN2038, f.22v，里克特第23项）。

卡西亚诺·德尔·波佐

关于卡西亚诺·德尔·波佐和"纸上博物馆"的文献有很多，但没有完整的现代传记。19世纪出版了两篇简短传记，朱尔斯·杜梅斯尼尔（Jules Dumesnil）的《意大利最著名的业余爱好者传》（*Histoire des plus célèbres amateurs italiens*，巴黎，1853年）中有一篇《卡西亚诺·德尔·波佐骑士》（*Le Commandeur Cassiano dal Pozzo*），位于403至543页；还有一篇是贾科莫·伦布罗索（Giacomo Lumbroso）的《卡西亚诺·德尔·波佐的生活》（*Notizie sulla vita di Cassiano dal Pozzo*），即《意大利历史杂记：十五》（*Miscellanea di storia italiana XV*，图灵，1874年）。

关于卡西亚诺的古文物研究，可以看英戈·赫克洛兹（Ingo Herklotz）的《卡西亚诺·德尔·波佐与17世纪考古学》（*Cassiano dal Pozzo und die Archäologie des 17. Jahrhunderts*，慕尼黑，1999年）；关于猞猁学社可以看大卫·弗里德伯格（David Freedberg）的《猞猁之眼：伽利略、他的朋友们，以及现代博物学的开端》（*The Eye of the Lynx. Galileo, his Friends, and the Beginnings of Modern Natural History*，芝加哥，2002年）。

"纸上博物馆"插图的完整目录编辑工作正在进行中：《卡西亚诺·德尔·波佐的"纸上博物馆"：编年目录》（*The Paper Museum of Cassiano dal Pozzo: A Catalogue Raisonné*，皇家收藏/哈维·米勒出版公司，1996年至今）。其中博物学系列五卷、古文物和建筑系列七卷已经出版。

好利获得公司（Olivetti）于1989—1993年出版了四本《普迪阿尼》杂志（*Quaderni Puteani*），覆盖了"纸上博物馆"的方方面面，其中有一本专门呈现了博物学的画作——《卡西亚诺·德尔·波佐的"纸上博物馆"2：博物学家卡西亚诺》（*Il Museo Cartaceo di Cassiano dal Pozzo. Cassiano Naturalista*，米兰，1989年）。开展卡西亚诺目录编制工作的同时，也有举办对应的展览，包括1993年伦敦大英博物馆举办的"卡西亚诺·德尔·波佐的'纸上博物馆'"（The Paper Museum of Cassiano dal Pozzo），以及2000年罗马的巴贝里尼宫举办的"收藏家的秘密1：卡西亚诺·德尔·波佐1588—1657年的藏品"（I segreti di un collezionista. Le straordinarie raccolte di Cassiano dal Pozzo 1588—1657年）。

　　主要原始素材的重要指引有：安娜·尼科洛（Anna Nicolò）的《卡西亚诺·德尔·波佐的书信2》（Il carteggio di Cassiano dal Pozzo，佛罗伦萨，1991年），和艾达·亚历山德里尼（Ada Alessandrini）的《蒙彼利埃的猞猁学社》（Cimeli lincei a Montpellier，罗马，1978年）。亚历山德拉·安塞尔米（Alessandra Anselmi）的《弗朗西斯科·巴贝里尼主教访问西班牙的日记2，由卡西亚诺·德尔·波佐撰写》（Il diario del viaggio in Spagna del Cardinale Francesco Barberini scritto da Cassiano dal Pozzo，马德里，2004年）中，发表了卡西亚诺的西班牙语日记。多纳泰拉·斯巴迪（Donatella Sparti）在《波佐藏品：17世纪的罗马家庭博物馆》（Le collezioni dal Pozzo. Storia di una famiglia e del suo museo nella Roma seicentesca，摩德纳，1992年）中，发表了波佐家族的藏品清单。

　　"以猞猁之眼"这句话摘自《赞美卡西亚诺·德尔·波佐骑士》（Delle lodi del commendatore Cassiano dal Pozzo，佛罗伦萨，1664年）中卡洛·达蒂的悼词。

亚历山大·马歇尔

　　亚历山大·马歇尔的主要信息来源是普律当丝·莱思-罗斯（Prudence Leith-Ross）的宏伟之作《温莎城堡女王藏品中的亚历山大·马歇尔花谱》（The Florilegium of Alexander Marshal in the Collection of Her Majesty The Queen at Windsor Castle，伦敦，2000年），花谱的每一页都以彩色印刷复制，书中还包含了莱思-罗斯撰写的传记文，占了很大篇幅，还有一篇亨丽埃塔·麦克伯尼（Henrietta McBurne）写的《马歇尔在植物绘图史上的地位》（Marshal's place in the history of botanical illustration）。约翰·费希尔（John Fisher）也同样为温莎版花谱作出过贡献，他的《温莎城堡皇家收藏的马歇尔花谱》（Mr Marshal's Flower Album from the Royal Library at Windsor Castle，伦敦，1985年）中，包含了珍·罗伯兹的珍贵引言和费舍尔的植物注释。

　　"奇妙的微型花谱"这句话摘自约翰·伊夫林1682年8月的日记。

玛丽亚·西比拉·梅里安

　　伊丽莎白·吕克（Elisabeth Rücker）和威廉·T. 斯特恩（William T. Stearn）的《玛丽亚·西比拉·梅里安在苏里南：＜苏里南的昆虫变态＞复制版的评注＞（Maria Sibylla Merian in Surinam: Commentary to the facsimile edition of Metamorphosis Insectorum Surinamensium，阿姆斯特丹，1705年），以温莎城堡皇家收藏的原始水彩画（伦敦，1982年）为基础，是一部重要作品，内含大量梅里安的生平信息、书信，以及她自己对《昆虫变态》一书评注的英译版。同样极为珍贵的是科特·维滕格尔（Kurt Wettengl）所编的展览目录《1647—1717年的玛丽亚·西比拉·梅里安：艺术家和自然学家》（Maria Sibylla Merian 1647-1717: Artist and Naturalist，法兰克福历史博物馆，美因河畔法兰克福，1998年），包含关于梅里安生活、工作等诸多方面的文章。

　　"勤勉、优雅和勇气"这句话摘自约阿希姆·冯·山德拉特（Joachim von Sandrart）的《德国的艺术、绘画和艺术学院》（Teutsche Academie der Edlen Bau-Bild-und Mahlerey-Künste，纽伦堡，1675年）第339页。冯·山德拉特写了一篇关于梅里安的长文，其中特别提到了她对昆虫变态的研究。

马克·凯茨比

　　关于凯茨比的标准传记是乔治·弗雷德里克·弗里克（George Frederick Frick）和雷蒙德·菲尼亚斯·斯特恩斯（Raymond Phineas Stearns）的《马克·凯茨比：殖民时代的奥杜邦》（Mark Catesby: The Colonial Audubon，伊利诺伊州厄巴纳，1961年）。艾米·R.W. 迈耶斯（Amy R.W. Meyers）和亨丽埃塔·麦克伯尼（Henrietta McBurney）的《马克·凯茨比的美洲博物学：温莎城堡皇家收藏的水彩画》（Mark Catesby's Natural History of America: The Watercolours from the Royal Library, Windsor Castle，伦敦，1997年）专门介绍了温莎收藏的水彩画。而艾米·R.W. 迈耶斯和玛格丽特·贝克·普里查德（编辑）的《帝国的自然：马克·凯茨比眼里的新世界》（Empire's Nature: Mark Catesby's New World Vision，北卡罗来纳州教堂山，1998年）则收集了一系列学术论文，把凯茨比置于更广泛的文化、科学和园艺的语境中。

　　"博物学的天才"这句话摘自凯茨比的朋友乔治·爱德华兹（George Edwards）于1761年12月5日写给托马斯·佩南特（Thomas Pennant）的书信（弗里克和斯特恩斯提供参考材料的第9页）。爱德华兹也是位鸟类学艺术家。

索引

斜体指插图所在页码，粗体指章节页码

A

阿布尔石（纸上博物馆）*100*, 104, *104*
阿姆斯特丹：17世纪藏品 141—143, *142*
安德里斯·凡·拜森：一个博物学藏品珍奇室 *142*
阿尔布雷特·丢勒：《犀牛》*19*, *21*
艾德施泰特主教，约翰·康拉德·冯·格明根 24, 110
爱德华·李尔 34
　《鞭笞巨嘴鸟》*34*
安德鲁·马维尔：《割草机与花园》109
埃及底比斯：内巴蒙墓中的壁画碎片 *10*, 11
爱德华·托普塞：《四足兽史》19, 85
安东尼奥·瓦利·达·托迪：《鹰之歌》75
安德烈·德尔·韦罗基奥 40

B

彼得罗·安尼基：《卡西亚诺·德尔·波佐》75
巴哈马群岛 190
巴西利厄斯·贝斯莱尔 24
　《艾希斯特的花园》*25*, 26, *109*, 110
彼得罗·卡斯泰利：《鬣狗气味》93
彼得罗·达·科尔托纳 77
白爪小龙虾 126, *127*（马歇尔）
彼得罗·克雷申齐奥：《农业书》60
宝石、石头和护身符 99, 100, 104, *104*（纸上博物馆）
斑马 *23*, 23（阿尔德罗万迪）

C

草本植物 104, *108*, 110
臭鼬 *200—201*（凯茨比）

D

多萝西娅·玛丽亚·梅里安 26, 141, 143
独角兽 13

E

蛾类 26, 141（梅里安）
　马达加斯加牛蛾 *150*（梅里安）
　野藤天蛾 *156*（梅里安）
　天蚕蛾 148, *148, 149*（梅里安）
　巨田鳖 *161*（梅里安）
　枯叶蛾 *127*（马歇尔）
　烟草天蛾 146, *147*（梅里安）

F

弗朗西斯·培根 96
费德里科·切西王子 74, 75, 77, 78
　藏品 77, 104
非洲灵猫 *84*, 85, 93（纸上博物馆）
法国弗朗西斯一世 65
弗朗西斯科·埃尔南德斯：《墨西哥宝典》*99*, 104
法国路易十三：藏品 78
弗朗西斯科·梅尔齐 65, 71
　莱昂纳多·达·芬奇肖像（提供）*41*
弗朗西斯·尼科尔森将军 186
菲利普·西德尼，第四任彭布罗克伯爵 108
菲利普·斯奇彭 93, 96
弗朗西斯科·斯泰卢蒂：《矿物化石木论》77
弗吉尼亚州 178, 179, *179*

G

古埃及壁画 *10*, 10—11, *11*
格雷伊猎犬 *124*, 126, *127*, 136（马歇尔）
格斯纳 19, *20*

H

红衣主教弗朗西斯科·巴贝里尼 74, 77, 93, 104
蝴蝶
　古埃及人 11
　马歇尔 125, *125*
　梅里安 26, 141, 143, 148
海豚 *88—89*, 93, 96（纸上博物馆）
花谱 24, 26, 108, 114, 118
狐狸 20（格斯纳）
亨利克·格伦沃尔德：《蓝山雀》*36*, 37
赫特福德郡哈特菲尔德庄园 108
黑点双领蜥 *170—171*（梅里安）
猴与猿
　猿医生和熊患者（麦克斯菲尔德诗篇）12, *13*
　鬃毛吼猴 *123*, 136（马歇尔）
　白额长尾猴 *133*（马歇尔）
　狨猴 26, *27*（马歇尔）
汉斯·斯隆爵士 151, 186
　《马德拉、巴巴多斯、涅夫、圣克里斯托弗和牙买加群岛的航行》186

J

解剖图
　阿尔德罗万 19, *22*, *23*
　莱昂纳德 *92*, 96
　莱昂纳多·达·芬奇 15, 49, *50*, *51*, 53, 60, *62*, *63*—64
教皇克雷芒十一世 105
加利亚佐·桑塞韦里诺 45, 49
伽利略·伽利莱 13, 74, 78
江珧蛤 96, *97*（纸上博物馆）
简·施旺麦丹：普通昆虫志 174

K

卡罗莱纳州 186, 190
卡洛·安东尼奥·德尔·波佐 74, 105

卡西亚诺·德尔·波佐 6, 7, 24, **74—105**
　专论 78, 81, 93
　纸上博物馆 74, 77, 93, 96, 105
科西莫·安东尼奥·德尔·波佐 105
卡洛·达蒂：卡西亚诺·德尔·波佐葬礼的演讲 74, 75, 105
宽鳞多孔菌 94, 95, 96, 104（纸上博物馆）
康拉德·格斯纳 17, 19, 67, 96
　《动物志》17, 19, 20
克里斯托弗·格雷 191
科尼利厄斯·休伯茨：鲁希奇《解剖学宝藏》的首页插画 175
昆虫 136, 174
　蚂蚁
　　行军蚁 152, 153
　　芭切叶蚁 152, 153（梅里安）
　绿蝇 123（马歇尔）
　蝉 158（梅里安）
　蟑螂
　　澳洲大蠊 145
　　德国小蠊 145（梅里安）
　旗足虫 154, 155, 155（梅里安）
　尸食性麻蝇 119（马歇尔）
　巨田鳖 160, 160, 161, 174（梅里安）
　七星瓢虫 128（马歇尔）
　南美提灯蜡蝉 158, 159, 159（梅里安）
　欧洲巨蝼蛄 182, 183（凯茨比）
　欧洲深山锹形虫 123（马歇尔）
　胡蜂 127（马歇尔）
克里斯托弗·梅里特：《玻璃艺术》136
克伦威尔·莫蒂默 211
科内利斯·范艾尔森·凡·所米尔斯迪吉克 141
科莱奥尼骑马雕像 45

L
伦敦主教亨利·康普顿 114, 129, 178
龙
　阿尔德罗万迪 19, 22, 67
　动物寓言集 13
　莱昂纳多·达·芬奇 16, 17, 64, 65, 66, 67, 68, 69
罗伯特·弗雷德里克士 137
柳珊瑚 28, 29, 192, 193（凯茨比）
莱昂纳多·达·芬奇 6, 8—9, **40—71**
　三博士朝圣 44
　熊掌的结构（印刷图6）50, 51, 53

安吉里之战 60
黑莓的带叶小枝（印刷图12）16, 55, 58
猫、狮子和龙（印刷图16）16, 17, 64, 64, 66, 67, 71
马的前胸和后躯（印刷图18）15, 65, 70
斯福尔扎的马术纪念碑 44—45
正面视角的马（印刷图5）15, 48, 49
马、圣乔治和龙，还有狮子（印刷图17）64—65, 65, 68, 69
薏苡（印刷图10）53, 56
丽达与天鹅 53, 60
金盏花（印刷图8）53, 54
橡树和染料木（印刷图11）55, 57
层状岩露出地面的岩层（印刷图2）43, 44
肖像（梅尔齐提供）41
用后腿站立的马（印刷图3）44, 45
岩石峡谷（印刷图1）40, 42
两种灯芯草的种子穗（印刷图13）55, 59
黑莓的带叶小枝（印刷图9）16, 55
伯利恒之星、五叶银莲花和泽漆（印刷图7）16, 52, 53
马匹研究（印刷图4）15, 46—47, 49
树（印刷图14）60, 61
怀孕母牛的子宫（印刷图15）62, 63, 63
行走的熊 A walking bear 15, 16
理查德·米德 175, 186
罗伯特·塞西尔，第一任索尔兹伯里伯爵 108
路德维格·斯福尔扎 44, 53
莱文内斯·文森特：藏品 142, 142—143

M
毛虫 27（马歇尔），140, 141（梅里安）
马达加斯加牛蛾 150（梅里安）
圆掌舟蛾 133（马歇尔）
欧洲粉蝶 133（马歇尔）
鳃角金龟 128（马歇尔）
野藤天蛾 156（梅里安）
天蚕蛾 148, 148, 149（梅里安）
芳香干蠹蛾 111（马歇尔）
噬药凤蝶对蝶 118, 126, 127（马歇尔）
鸡蛋天蛾 146, 147（梅里安）
马克·凯茨比 6, 7, 28—29, **178—211**
　《卡罗来纳、佛罗里达州与巴哈马群岛博物志》29, 178—179, 179, 186, 191, 210, 210—211
猫 15, 64, 66, 71（莱昂纳多）
母牛子宫 62, 63（莱昂纳多）

马特乌斯·格罗伊特：《蜜蜂图解》78, 78
马 15, 44—45, 45, 46—47, 48, 49, 65, 65, 69, 70（莱昂纳多）
麦克尔斯菲尔德诗篇
　猿医生和熊患者 12, 13
　骑士和蜗牛决斗 12, 12
玛丽亚·西比拉·梅里安 6, 7, 26—27, **140—175**
　第一束花 140
　苏里南的昆虫变态 140, 141, 143, 144, 151, 151, 174—175
　新花卉图鉴 140—141
　肖像（葛塞尔与霍伯埃肯先后所画）140
　蝎书（毛毛虫的华丽蜕变及其奇特的寄主植物）141
　静物画 172, 173
马特乌斯·梅里安 140

N
牛津阿什莫尔博物馆 118
鸟类 19, 29, 33, 34—35, 37
　极乐鸟 35, 35（古尔德和哈特）
　蓝鹭 33（奥杜邦）
　蓝山雀 36（格伦沃尔德）
　灰鹤 133（马歇尔）
　海雕 12（中世纪）；白头海雕 30, 33（奥杜邦）
　　180, 180—181（凯茨比）
　加勒比海红鹳 31, 33（奥杜邦）
　　28, 29, 192, 193（凯茨比）
　军舰鸟 32, 33（奥杜邦）
　鹅 10, 11, 11（古埃及人）
　　加拿大鹅 33（奥杜邦）
　蜂鸟 35（古尔德）
　　红喉北蜂鸟 78（德尔·波佐专论）
　　金喉红顶蜂鸟 152, 153, 174（梅里安）
　松鸦 112, 136（马歇尔）
　鹦鹉：蓝黄金刚鹦鹉 126, 127
　　五彩金刚鹦鹉 132, 133（马歇尔）
　蓝背娇鹟 173（梅里安）
　嘲鸫（奥杜邦）33
　夜鹰 182—183, 183（凯茨比）
　华丽吸蜜鹦鹉 141—142, 167（梅里安）
　卡罗莱纳长尾鹦鹉 33（奥杜邦）
　　红领绿鹦鹉 132
　　鹦鹉 19（阿尔德罗万迪）
　　非洲灰鹦鹉 26, 123, 132（马歇尔）

旅鸽 187, 187（凯茨比）

鹈鹕

    卷羽鹈鹕 78（德尔·波佐专论）

    白鹈鹕 78, 80, 81, 82—83（纸上博物馆）

白鹳 90, 91, 96（纸上博物馆）

红腿鹳 188（凯茨比）

巨嘴鸟：鞭笞巨嘴鸟 34, 35（利尔）

    红嘴巨嘴鸟 132, 133（马歇尔）

    164（梅里安）

野火鸡 33（奥杜邦）

莺

    松莺 189

    黄喉林莺 189（凯茨比）

啄木鸟 19, 22, 23（阿尔德罗万迪）

    象牙喙啄木鸟 184, 185（凯茨比）

尼古拉斯·杰基尔 178

纽伦堡编年史：误以为的人类结构演变 17, 18

牛津草药园 108

尼古拉斯·克洛德·法布里·德·佩雷斯克 93

尼古拉斯·维特森博士：藏品 142

P

螃蟹 23（阿尔德罗万迪）

    焰纹馒头蟹 198, 198（凯茨比）

    红石蟹 198, 198（凯茨比）

庞培·莱昂尼 71

平版印刷的运用 33, 36

Q

蜻蜓

    宽翅蜻蜓 119（马歇尔）

    蓝晏蜓 126, 127, 136（马歇尔）

乔瓦尼·巴蒂斯塔·法拉利：《金苹果园》77, 99

青蛙和蟾蜍

    细趾蟾 165, 166（梅里安）

    毒雨蛙 160, 161, 174（梅里安）

    林蛙 133（马歇尔）

    负子蟾 162, 163（梅里安）

    虎腿猴蛙 165（梅里安）

    欧洲水蛙 204, 205（凯茨比）

乔治三世 7, 105, 175, 211

乔瓦尼·皮特罗·奥莉娜：《鸟舍》75, 77

乔尔乔·瓦萨里 49

R

让·德·拉巴迪 141

S

猞猁学社，罗马 74—75, 77, 78, 104

史前洞穴绘画 8, 9—10

塞缪尔·戴尔 179, 186

水果/果树

    香蕉 150（梅里安）

    黑莓 16, 55, 55, 58（莱昂纳多）

    柠檬 24, 77, 79, 99（纸上博物馆）

    葡萄 133（马歇尔）, 156（梅里安）

    番石榴树 153（梅里安）

    甜瓜 24, 96, 98（纸上博物馆）

    水蜜桃 167（梅里安）

    凤梨 145（梅里安）

    石榴 133（马歇尔）, 158（梅里安）

    雪柚 76, 77（纸上博物馆）

    酸橙 111（马歇尔）

狮鹫 13, 15（动物寓言）

塞缪尔·哈特利布 114, 125

狮子

    莱昂纳多·达·芬奇 64, 64, 66

    中世纪 12, 13, 14

摄影的运用 36—37

萨莱（吉安·贾科莫·卡坡蒂）65

蛇 23（阿尔德罗万迪）

    橡树红光蛇 165（梅里安）

    欧洲双头蛇 96, 99（Faber）

    环纹猫眼蛇 165（梅里安）

    珊瑚蛇 27, 28（梅里安）

    库氏树蟒 146, 147（梅里安）

    游蛇 111（马歇尔）

    伪珊瑚蛇 168—169（梅里安）

苏里南 26, 141, 143, 143—144

    目录（特雷德斯坎特博物馆）125, 129

树/树叶 60

    圆珠花 28, 206, 208—209（凯茨比）

    榆树 60, 61（莱昂纳多）

    大果榛 133（马歇尔）

    裂榄树 188（凯茨比）

    荷花玉兰 199, 199（凯茨比）

    美国红枫 189（凯茨比）

    橡树 55, 57（莱昂纳多）

    书带木 206, 207（凯茨比）

    北美枫香 203（凯茨比）

    苦栎 187（凯茨比）

    柳叶栎 185（凯茨比）

T

托马斯·霍华德，第二任阿伦德尔伯爵 71

汤玛斯·卡德尔 211

托马斯·费尔柴尔德 179, 191

    《城市园艺家》179

特雷德斯坎特方舟 118

W

乌利塞·阿尔德罗万迪 19, 22, 23, 23—24, 67, 96

    《昆虫类动物》174

威廉·科克医生 179

文森佐·莱昂纳德肖像（安尼基）75

威廉·弗雷德 118, 137

威廉·哈特（与古尔德）：《极乐鸟》35

文森佐·莱昂纳德（纸上博物馆）75, 77

    非洲灵猫（印刷图23）84, 85, 93

    海豚（印刷图25）88—89, 93, 96

    非洲冕豪猪（结构细节）（印刷图28）92, 96

    多指的柠檬（印刷图20）24, 77, 79, 99

    白鹈鹕（印刷图21）78, 80

    白鹈鹕的头部（印刷图22）78, 81, 81, 82—83

    白鹳的头部（印刷图27）91, 96

    白鹳的腿和羽毛（印刷图26）90, 96

    甜瓜（印刷图32）24, 96, 98

    江珧蛤（印刷图31）96, 97

    雪柚（印刷图19）76, 77, 96

威廉·桑德森爵士：绘图 118

威廉·谢拉德 186

乌尔班八世 74, 78

威尔特郡威尔顿庄园 108

X

熊

    莱昂纳多 15, 16, 50, 51

    麦克尔斯菲尔德诗篇 12, 13

肖维岩洞：洞穴绘画 8

显微镜的运用 78, 78

犀牛 19, 21（丢勒）

小约翰·特雷德斯坎特 114, 118, 125, 129, 178

Y

亚历山德罗·阿尔巴尼 105

亚历山大七世教皇（法比奥·基吉）93

牙买加安禄蜥 202, *202*, 203（凯茨比）

约翰·詹姆斯·奥杜邦 29

　《美洲鸟类》29, 30, *30, 31, 32*, 33

约翰·班尼斯特牧师 178

英国动物 13

　狮鹫 13, *15*

　狮子和幼崽 *14*

野牛 *8*（史前洞穴绘画）

　北美野牛 28, 206, *208—209*（凯茨比）

眼镜凯门鳄 *168—169*, 174（梅里安）

伊丽莎白·科克 179

约翰·伊夫林 114, 130

约翰内斯·法布尔 78

　《欧洲双头蛇》96, *99*

　《墨西哥动物》*78*, 93

鱼 93（萨维阿尼）

　额斑刺蝶鱼 *196—197*（凯茨比）

　长棘毛唇隆头鱼 *194—195*, 195（凯茨比）

约翰·杰拉德：《草本植物》*108*, 110

约翰内斯·戈达尔特：《自然变态》174

伊丽莎白·古尔德 34

约翰·古尔德 33—34

　《新几内亚的鸟类》35, *35*

　《巨嘴鸟科专著》*34*, 35

约瑟夫·古皮 210

约翰·格拉夫 140, 141

雅各布斯·霍伯埃肯（在乔治·葛塞尔后）：
　《玛丽亚·西比拉·梅里安》*140*

约翰·兰伯特将军 131

雅各布·马雷尔 140, 141

亚历山大·马歇尔 6, 7, 26, 37, **108—137**

约翰娜·海伦娜·梅里安 141

约翰·帕金森

　《园艺大要》110, *110*

　《植物剧场》110, 114

约翰·雷 179

《英国植物志》178

伊波利托·萨维阿尼：《鱼的自然史》96

约翰·特雷德斯坎特 118

约瑟夫·沃尔夫 33

Z

中世纪基督教手稿 *12*, 12—13, *13*

詹姆士镇，美国弗吉尼亚州 178

詹姆斯·康普顿，第三任北安普敦伯爵 129

植物和花朵 24, 26, 108—110

　绿朱草 *123*（马歇尔）

　银莲花

　冠状银莲花 *112*（马歇尔）

　五叶银莲花 *52, 53, 54*（莱昂纳多）

　报春花 114（耳状报春花）*115, 116*, 131, *131*（马歇尔）

　蓝铃花 *120*（马歇尔）

　瓠瓜 *135*（马歇尔）

　意大利变种甘蓝 *103*（纸上博物馆）

　木薯 146, *147*（梅里安）

　粉萼鼠尾草 *134*（马歇尔）

　巨根老鹳草 *119*（马歇尔）

　番红花属

　　秋水仙 *133*

　　斑纹秋水仙 *128*

　　南俄郁香 *112*

　　荷兰番红花 *111*, 112, *113*（马歇尔）

　冠花贝母 108

　　25, 26（贝斯勒尔）

　　114, *115*（马歇尔）

　常春藤叶仙客来 *127*, 128（马歇尔）

　水仙 108

　　半花水仙 *115*

　　红口水仙 *115*

　　西班牙水仙 *113*（马歇尔）

　染料木 55, *57*（莱昂纳多）

　蓝花琉璃繁缕 *122*　（马歇尔）

　石蚕叶婆婆纳 *119*（马歇尔）

　姜 *134*（马歇尔）

　圆盾状忍冬 *123*（马歇尔）

　紫花蜡花 *119*（马歇尔）

　含羞草 *128,* 136（马歇尔）

　风信子 108, *108*（杰拉德）

　　109（贝斯勒尔）

　　113, 114（马歇尔）

　鸢尾花

　　德国鸢尾 *120*

　　黑花鸢尾 *119*

　　波斯鸢尾 *113*（马歇尔）

　薏苡 53, *56*（莱昂纳多）

　雁来红 *135*（马歇尔）

　百合 108, 131（马歇尔）

　苔类 *112*（马歇尔）

　蓝花羽扇豆 123　　（马歇尔）

　驴蹄草 53, *54*（莱昂纳多），*166*（梅里安）

　鹦黄赫蕉 *157*（梅里安）

　西番莲 27, *154*（梅里安）

　　粉色西番莲 *128*, 136（梅里安）

　南欧芍药 *102*（纸上博物馆），*121*（马歇尔）

　　药用芍药 *121*（马歇尔）

　尖椒 *134*

　　辣椒 *134,* 136（马歇尔）

　紫瓶子草 204, 205（凯茨比）

　毛茛 108

　　蒙彼利埃毛茛 *120*

　　塔班花毛茛 *119*, 120, *121*（马歇尔）

　蔷薇

　　黄蔷薇 *122*

　　突厥蔷薇 *122*

　　法国蔷薇 *122*（马歇尔）

　菰沼生蔍草和莎草 55, *59*（莱昂纳多）

　海马齿 *163*（梅里安）

　伯利恒之星 16, *52, 53*（莱昂纳多）

　静物画 *172, 173*（梅里安）

　泽漆 *52, 53*（莱昂纳多）

　向日葵 *124,* 136（马歇尔）

　鸡冠刺桐 *149*（梅里安）

　观赏甘薯 27, *157*（梅里安）

　郁金香 108

　　114, *117, 121*（马歇尔）

　浆果金丝桃 *123*（马歇尔）

　沼泽勿忘草 *122*（马歇尔）

　凤眼蓝 160, *161*（梅里安）

鬃毛三趾树懒 24, 86, *87*, 93（纸上博物馆）

蜘蛛

　白额高脚蛛 *152, 153*（梅里安）

　粉红脚蜘蛛 *153*, 174（梅里安）